머리말

우리는 살아가면서 경쟁을 피할 수는 없다. 그래서 우리는 '경쟁을 피할 수 없다면 도리어 즐기면서 사는 편이 낫다'고 말한다.

피할 수 없는 경쟁, 그렇다면 경쟁력의 원천은 무엇일까?

경쟁력은 역량에서 나오고 역량은 꿈에서 출발한다.

어떻게 살아야 할 것인가에 대한 철학에 가치가 더해져 꿈이 된다.

꿈은 그 꿈을 실현하기 위한 열정이 더해져 역량이 되고, 역량은 그것을 이루고야 말겠다는 시간과의 투쟁에서 지속성을 가졌을 때 비로소 경쟁력이 되는 것이다.

본서가 여러분의 경쟁력을 위한 꿈과 역량을 위한 원동력이 되기를 희망한다.

CONTENTS

제 7 장 기업의 비즈니스 컨설팅 사업전략 구축

제 1 장

들어가며

1 뷰티산업 비즈니스 컨설팅

CHAPTER 1

들어가며

한국 뷰티서비스 산업에서 창업 및 경영개선에 대한 컨설팅의 필요성에 대해 목소리가 높아지고 있다. 이는 뷰티서비스 산업이 기존에는 영세 사업자의 기술 중심적 사고와 이해관계자 중심으로 산업이 성장되어 왔으나, 최근에 와서는 뷰티 및 헬스케어의 측면에서 국가 경쟁력 산업으로 뷰티서비스 산업이 성장되어 왔고 산업 육성화 정책이 역량 강화 및 경쟁력 향상의 측면으로 집중화 되고 있기 때문이다.

그 결과 컨설팅 분야의 중요성은 한층 높아졌으나, 뷰티산업 업종에서 단계별 객관적이고 과학적인 컨설팅을 수행하기 위한 자료 문헌 및 수행 보고서 등이 부족하고 컨설턴트의 수행 역량 또한 타 산업에 비해 양적, 질적으로 취약한 실정이다.

따라서 본서인 '뷰티산업 비즈니스 컨설팅'은 컨설턴트의 역량 개발을 목적으로 작성되었으며, 산업의 문제점과 발전 방향을 제시하고 컨설턴트가 가져야 하는 사고의 능력으로 분석력과 직관력, 논리력과 창의력, 전략적 사고를 위한 6가지 사고기법, 창의적 문제해결을 위해 외부환경 진단기법 6가지, 내부역량 진단기법 5가지, 매트릭스 진단기법 5가지를 소개하고 있다.

본서에서 언급되는 사고기법과 진단기법은 기업의 비즈니스 컨설팅의 툴(Tool)로 활용될 수 있으며, 창업자나 현업 경영자 또는 컨설팅을 수행하고자 하는 컨설턴트들이 성공창업 성공경영을 위한 역량강화 자습서로 활용되기를 기대한다.

1 미용산업 비즈니스 컨설팅의 필요성

산업이 전문화되고 고도화되면서 지식서비스 산업에 대한 수요가 급증하고 있다. 바로 컨설팅 산업의 중요성이 부각된 것이다. 하지만 타 산업에 비해 뷰티산업은 제품사의 유통 네트워크를 중심으로 성장해 온 것이 고작이었다. 최근에서야 비로소 경영의 중요성이 부각되면서 컨설팅에 대한 관심이 고조되었고, 정부의 뷰티산업 진흥이라는 과제로 시작, 영세 소상공인에 대한 관심이 높아지면서 미용인의 역량강화 및 경쟁력 향상이라는 초점에 맞춰 뷰티컨설턴트 양성의 중요성이 인식되고 있다.

컨설팅 수요의 대부분은 기업 및 조직의 목적달성, 경영과 업무상의 문제해결, 새로운 기회의 발견과 포착, 변화에 대한 대응 등을 위해 컨설팅이 수행 된다. 하지만 뷰티서비스 산업에서의 컨설팅은 이와는 사뭇 달랐다. 미용은 국가기술 자격사항으로 기술면허가 있어야 영업 자격을 인정받아 창업할 수 있고 대부분 소규모 소자본 창업이라 컨설팅 수요가 상대적으로 전무했다. 간단히 말하자면, 과거에는 기술만 있으면 특별한 어려움 없이 영업활동을 수행할 수 있었다는 것이다.

이렇듯 기술 중심적 사고가 아직도 팽배해 있는 상황에서 최근 정부를 중심으로 실시되었던 경영표준화 사업을 통한 산업 육성의 노력은 기대 이하의 결과를 낳았고 그 대안으로 컨설팅이라는 새로운 분야가 각광을 받게 되었다. 컨설팅은 전근대적인 사고에 의존하는 비전문성의 뷰티산업을 새로운 계도로 올릴 수 있는 대안으로 인식되었다. 성공창업 및 성공경영과 경영개선 업무에 뷰티컨설턴트의 역할을 배분한다는 것이다. 국가 경쟁력 강화를 위한 뷰티서비스 산업의 육성에 전문경영 컨설턴트의 인력 투입은 신규 창의적 일자리 창출과 산업 육성이라는 두 마리 토끼를 한번에 잡을 수 있는 획기적인 방법이었던 것이다.

미용관련 고학력자(대학 및 대학원, 박사학위 소지자 등)는 해마다 증가되고 그들의 일자리는 극히 제한되어 있다. 지식기반의 컨설팅 산업 육성은 고학력 소지자의 사회 진출 폭을 넓혀 줄 수 있고 이들이 산업 일선에서 사회적 책임을 수행할 수 있는 기회로 작용된다.

우리나라 뷰티산업 인력구조는 지식계층의 인구가 많은 항아리 모양의 구조를 넘어 역 피라미드형을 가지고 있다. 이러한 기형적 구조는 뷰티산업을 책임지고 있는 정부의 이해와 정책적 부재가 그 원인으로 작용했다. 고학력의 미용인력, 이들을 산업에 재배치할 수 있는 특단의 조치와 새로운 정책 전개가 절실히 필요하다. '좋은 일자리를 넘어 많은 일자리'를 만들지 않으면 현 미용 산업의 인력 편중화, 고학력 인력자원의 사장이라는 문제를 해결하기 힘들 것이다. 본인은 현안 문제를 해결하기 위해 뷰티서비스 산업에서 지식기반의 컨설팅 산업을 제안하고 이 속에서 돌파구를 찾아야 한다고 주장한다.

2 사회구조적 문제 해결을 위한 대안으로 컨설팅 산업 육성

국내외적으로 고령화 사회에 대한 문제가 정치, 경제, 사회, 문화의 전반에 걸쳐 큰 영향을 미치고, 고령화에 따른 다양한 현상들은 심각한 사회적 문제로 대두되고 있다. 한국의 경우는 2010년부터 과거 한국경제의 주역으로 활동한 세대, 즉 베이비붐세대(1955~1963년 출생자)의 사회 은퇴가 본격적으로 시작되면서 본격적인 고령화 사회로 접어들게 되었다.

사회구조의 변화는 제조업, 서비스업, IT산업 등 산업 전반의 틀을 변화시키는 원인이 되고 있다. 이러한 상황은 뷰티서비스 산업에서도 변화를 피해갈 수 없는 상황이 되었다. 한국 뷰티서비스 산업에서 전체 시장의 약 98%를 차지하는 다수는 중소형 규모의 소상공인이다. 정부 통계로 년 1억원 미만의 매출규모를 가진 곳이 약 94%로 추산되고 있다.

그들은 기술을 중시하는 경향이 강해 지식기반의 산업에 비해 전문 기술만을 선호해 왔다. 이렇듯 과거 수십 년간 변화 없이 살아온 미용실들이 미용이라는 것을 약자들만이 운영하는 것으로 만들었고, 지나치게 높은 강도의 노동을 했음에도 낮은 임금과 취약한 복지가 당연한 것으로 이해되는 업종으로 이해되어져 왔다.

그 결과 2010년에 와서는 젊은 세대의 직업 선택에서 버림받는 업종으로 전락, 미용 종사자들조차도 현장을 떠날 수밖에 없는 현실에 직면하게 되었다. 현장을 떠난 그들이 선택한 것은 대학(교), 결과적으로 고학력 산업구조를 만들게 되었다.

2000년 초기 여러 대학(교)에서 미용관련학과를 신설하여 미용 인력을 대학에서 양성하여 배출 하였지만 대졸자의 고급 인력을 흡수할 만큼 산업이 발전되었거나 세분화되어 있지도 못했고, 직장 선택에도 한계가 있었다. 결과적으로 석사, 박사의 홍수시대를 야기한 것이다. 이들이 이 길을 선택한 것은 무엇때문이었을까?

현 시기, 배출된 고급 인력들의 활용을 통해 뷰티서비스 산업의 경쟁력을 강화해야 하는 해결방안을 여기서 찾고자 한다. 미용 고학력자, 오랜 경험자의 미용인들이 미용 산업에서 독립 컨설턴트로 역할을 수행토록 활용하여 뷰티산업을 한 단계 더 성숙하게 해야 되는 시점이다.

타 산업에서는 정년퇴직으로 유용한 경력과 경험의 노하우들을 가지고 있는 인력들이 '컨설팅'을 통해 사회적 참여가 가능했지만, 뷰티서비스 산업의 경우, 적절한 현장 경험을 가지고 있는 젊고 유능한 인력의 사회 재배치를 통해 뷰티 산업의 발전과 개선의 역할을 수행해야 한다.

본서가 뷰티산업컨설팅을 통해 한국 뷰티서비스 산업의 올바른 발전 방향과 전문 지식인의 사회적 책임을 수행해야 한다는 인식 변화를 제공할 수 있기를 기대한다.

memo

제 2 장

미용서비스산업 발전에 영향을 미치는 인자

뷰티산업 비즈니스 컨설팅

2

CHAPTER 2

미용서비스산업 발전에 영향을 미치는 인자

미래 한국 뷰티서비스 산업의 발전 방향을 올바로 이해하기 위해서는 정치, 경제, 사회, 문화적 변화에 대한 이해가 충분히 있어야 한다. 특히, 올바른 미용산업 컨설팅을 위해서는 사회구조적 변화와 정치, 경제적 변화에 대해 집중할 필요가 있다.

이는 뷰티산업의 문제점에 대한 정확한 이해가 미래 산업의 발전 방향을 예측할 수 있으며 새로운 시장 개척을 위한 대응전략 수립에 매우 중요하기 때문이다. 그렇다면 뷰티서비스 산업에 영향을 미치는 요인은 어떤 것이 있을까?

첫 번째 노령화 사회에 대한 사회구조적 변화다. 2010년 이후 수많은 경제지들에서 한번 이상은 소개 되었거나 주기적으로 제시하는 말이 있다. 바로 고령화 사회에 대한 분석 자료들이다. 뷰티서비스 산업에서 고령화 사회에 대한 언급이 중요한 것은 바로 소비의 변화가 불러올 시장의 급격한 변화가 어떤 결과로 나타날까 하는 것이다.

이점에서 뷰티서비스 업종에서도 변화에 대한 준비가 필요하다. 1955년~1966년까지 한국 경제의 주축을 이루었던 세대, 그들을 우리는 베이비부머라고 한다. 베이비붐 세대가 2010년 이후부터 퇴직을 시작하면서 우리사회는 노령인구에 대해 고민을 시작했다.

2011년 기준 베이비붐 세대의 인구는 7,125,347명, 전체 인구의 14.6%다. 그러나 그들의 가족까지 포함하면 21,376,041명으로 전체 인구의 43.7%가 베이비붐 세대와 직, 간접적으로 연결되어 지난 10년간 핵심 소비인구의 주축으로 분류되었다. 이 그룹의 중요성은 베이비붐 세대의 사회 은퇴로 수입 구조가 약해질 경우 소비의 패턴을 바꿔 사회, 경제적 문제를 야기할 것이라는 것이다.

그리고 2010년 기준 노인인구(65세 이상)가 535만 명으로 11.3%를 차지하고 있다고 한다. 베이비붐 세대의 은퇴에서 시작되는 고령화 사회의 진입과 현 노인인구를 볼 때, 한국 사회는 불과 몇 년 후면 고령사회로 접어들 것이다.

이러한 사회구조적 변화에 따른 소비의 패턴은 우리가 상상할 수 없는 세상을 만들어 놓지 않을까 사료된다.

두 번째로 뷰티산업을 국가 경쟁력 산업으로 육성하겠다는 정치, 경제적 변화이다. 정치적 변화로는 정부가 2010년 이후부터 뷰티산업을 국가경쟁력 강화 차원에서 지원하고 영세소상공인 미용인들의 역량강화를 위해 다양한 사업을 전개하고 있다.

하지만 절대다수를 차지하는 1~2인 미용실(약 89%)의 경영개선은 사실상 어려움이 많다. 또한, 그들의 약 80% 이상이 월 평균 매출 400만원 이하이고 수익은 월 평균 200만원 이하로 영세하여 재투자가 어려운 환경에 속해 있다.

2000년 이후 정규 대학 미용학과를 졸업하면 누구에게나 면허를 부여함으로 대학(교)의 수와 매출을 올리는 효자 역할은 톡톡히 했다. 반면 학원산업은 붕괴되고 업종의 경쟁력은 하락했고 이해관계자들은 그들의 이익만을 대변하는 목소리만 높였다. 기술 경쟁력은 상대적으로 후퇴 했으며, 인력의 편중이 심화되었고 양극화 현상까지 발생하게 되었다.

물론, 이러한 교육정책의 결과는 2008년 약 82,500여개의 미용실 수가 2009년 약 89,000여개로 2010년 약 95,200여개로 약 15.4%의 성장을 이루는데 큰 기여를 한 것은 사실이다. 하지만 시장은 기대만큼 성장하지 않았고 창업자의 수만 증가되는 제로썸(Zero-Sum) 현상으로 전체 시장의 수익 악화의 원인이 되고 있다. 즉, 시장규모의 성장을 볼 때, 전체적으로 평균 매출이 하향조정되었다는 것이 시장관계자의 말이다.

따라서 본서에서는 앞서 언급된 사회구조적 변화에 따른 소비의 변화와 정치경제적 변화에 따른 산업 불균형이라는 문제를 놓고 해결방안을 모색하고자 한다.

출생 년도별 인구수

출생년도	인 구(명)	비 고
1953년	552,611	
1954년	599,105	
1955년	663,319	
1956년	708,728	• 베이비붐 세대 총 7,125,347명 (전체 인구의 14.6%) • 베이비붐 세대 가족 21,376,041명 (전체 인구의 43.7%) * 급격한 소비의 변화 예상
1957년	742,633	
1958년	784,111	
1959년	823,550	
1960년	848,690	
1961년	858,141	
1962년	854,550	
1963년	841,625	
1964년	824,803	
1965년	812,869	

* 2011년 통계청 자료

세 번째는 현업 미용 경영자들의 핵심성공인자(CSF)에 대한 이해 및 역량 부족이다. 경영의 성과를 높이기 위해서 필요한 관리 인자는 역량이 필요하다. 하지만 대부분 핵심성공인자에 대한 포괄적 사고만 가지고 있을 뿐 세부적 운영지침 등에 대한 지식이 부족하다. 소상공인 핵심성공인자로는 5-CSF(탁월하고 차별화된 기술, 고객이 이해가능한 가격, 고객의 눈높이에 맞는 미용서비스 예절, 단골고객관리를 위한 고객관계관리, 환경과 위생)과 3-CSF(컴퓨터프로그램 활용과 인터넷 활용, IT 미용융합)이 있다. 아래표는 뷰티서비스 업종을 방문한 손님을 대상으로 재 방문시에 가장 선호하는 항목을 조사한 자료이다.

고객이 재방문시 선호하는 요인

항 목	중요도(%)	비 고
미용기술	61	• 2개월간 손님 150명 조사 규모 100m^2, 직원5명 월 매출 27~35백만원 • 5개 항목중 한가지라도 충족되지 않았을 경우 재방문 여부 : 0%
합리적 가격	18	
미용예절	11	
고객관리	5	
환경과 위생	5	

* 아이펠마르(주) 향장미용산업연구소, 2012년 4월 조사자료

네 번째는 시장에 대한 이해 부족과 전략적 사고의 부재다. 이는 산업에 대한 분석과 미래의 발전 방향에 대한 고민이 없다는 것이다. 전체 시장의 약 99%가 5인 이하의 규모를 가지고 있음에도 불구하고 창업자나 경영자는 불과 1%에 지나지 않은 대규모 미용실에 대한 환상을 가지고 현실에 만족하지 않는다는 것이다.

현실을 직시하고 자신에게 맞는 독창적 경영방법을 발굴하고 실천하여 중장기적 성공 모델을 만들어가는 자세가 절실히 필요하다.

한국의 미용실 규모 (단위 : 백만원)

구분		%	사업장수	인원	월매출	월간규모	시장규모
미용실	1~2인	89.5	56,639	113,278	6.0	339,019	4,068,222
	3~5인	9.5	6,012	30,060	20.4	122,819	1,473,827
	6~9인	1	633	5,694	119.5	75,615	907,382
	-	100	63,284	149,033	-	537,453	6,449,431
이용실	1~2	60	19,128	20,858	5.5	104,753	1,257,040
	기타	40	12,752	29,329	13.7	174,589	2,095,067
	-	100	31,880	50,186	-	279,342	3,352,108
합계			95,164	199,219	-	816,795	9,801,538

* 아이펠마르(주) 향장미용산업연구소 2012년 미용시장 규모 분석자료

시장에 대한 이해부족은 관리회계적사고의 부재에서 기인한다고 할 수 있다. 산업별 손익구조를 비교해 보면 서비스업은 타 산업에 비해 영업이익율(일반 배수적용)이 월등히 높다. 특히 뷰티서비스업종의 경우에는 영업이익율이 약 25~35%에 달하기도 한다. 하지만 매출의 규모가 상대적으로 취약하여 높은 영업이익율에 비해 영업이익은 낮다.

산업별 손익구조

구 분	산출근거	외식업	소매업	제조업	서비스업
매출액	100%	100	10	100	100
매출원가		80	85	90	75
재료비		35	50	60	5
인건비		15	10	15	35
직접경비		8	6	10	8
복리후생비	인건비×15%	2	2	2	6
지급임차료	매출액 배수	11	8	5	12

구 분	산출근거	외식업	소매업	제조업	서비스업
지급수수료	매출액×4%	4	4	–	4
광고수수료	매출액×3%	3	3	1	3
기타경비		2	2	2	2
영업이익	사장급여	20	15	5	25

* 인건비×배수(소매업 : 9~10, 서비스업 : 3~4), 총투자비×총자산회전율(2.5회/년)
임대료×10(보증금 = 월세×20), 재료비×회전율(도소매 : 1~2, 외식 : 3~4, 미용 : 9~10)

중소기업청의 전국 소상공인 실태조사에 따르면 월평균 100만원 이하의 수입구조를 가진곳이 57.6%, 200만원 이하가 23.4%, 300만원 이상이 19%로 나타났다. 월평균 매출의 경우에는 월평균 400만원 이하의 매출액 구조를 가진곳은 약 58.3%, 1,000만원 이하의 매출액 구조를 가진 곳은 25.4%로 나타났다. 따라서 수익구조의 개선을 위해서는 원가구조에 대한 정확한 이해가 필요하고 집중적 관리가 되어야 한다.

미용실 규모별 목표매출 및 이상적 관리비율 (단위 : 만원)

구 분	49.5m² 이하	82.5m² 이상	165m² 이상	이상적 Portion
	800만원(2인)	2,000만원(5인)	5,000만원(15인)	100%
재료비	80	200	500	8
관리비외	50	100	400	4.5
임대료	80	200	300	7.5
인건비	150	600	2,100	30
세금	–	100	200	5
비용	100	200	400	8.5
감가상각비	70(2,500)	220(8,000)	270(10,000)	5
합계	530	1,480	4,170	68.5
영업이익	270	520	830	31.5

* 상기 이상적 Portion은 일반적인 위치와 규모로 상권에 따라 달라질 수 있음
* 아이펠마르(주) 향장미용산업연구소 자료참조

뷰티서비스 산업 발전의 방향과 제언

한국 뷰티서비스 산업의 발전에 대한 전략적 제언은 2010년 이후 정부의 적극적인 뷰티산업 육성정책에 따라 분야별 각계각층의 전문 자문위원들과 정부 관계자들에 의해 다각도로 논의되어 왔고, 다양한 정책들이 실행되고 있다.

하지만 시행 방법과 성과적 측면에서 부정적 시각을 가진 전문가들도 많다. 이것은 기존 뷰티서비스 산업에 대한 문제 접근방법과 인식의 차이에서 기인했다고 사료된다. 원인을 분석하고, 중장기적 대안을 수립하는 차원에서 이해관계자들의 주관적인 견해들이 부분적으로 반영된 결과가 아닐까 반성해 본다.

본 책사를 통해 컨설팅산업 육성으로 해결점을 찾고자 하는 견해로 문제점을 재점검하고, 미래 대응방안을 제시하고자 한다.

첫 번째, 전체 다수의 미용실이 소규모이며, 대부분이 영세하다. 이는 뷰티산업 전체를 인식하는 기준이 되고 편견적 시각의 원인이 되고 있다. 소규모 영세성은 소자본 창업이 가능한 뷰티서비스 산업의 특징에서 출발한다.

2010년 기준 약 95,165개 미용실 중, 전체 약 94%가 연 매출 1억원 이하(월 8백만원 이하)이며, 약 89%가 1~2인 영업장으로 50m^2 이하 규모로 운영되고 있다. 이러한 시장 규모는 미래에도 크게 변화되지 않는 것으로 추측된다. 그렇다면 소규모 미용실만의 차별화 시도가 필요하고 고객의 눈높이에 맞는 특화된 소형화라는 인식의 변화를 가져올 수 있는 조치가 필요하다.

두 번째, 영세성에서 출발한 가격경쟁이 수익구조를 악화시켰고, 결과적으로 뷰티서비스 산업 전체의 경쟁력을 약화시켰다. 2인 이하의 미용실은 대부분이 지역 중심의 한정된 시장에서 제로섬(Zero Sum) 경쟁을 해 왔다. 동일 상권 내,

한정된 수요층에서 신규 진입자의 발생은 당사자들의 매출 하락으로 이어졌고 그 상황에서 선택할 수 있는 유일한 경쟁 도구가 가격인하 정책이었다고 생각한다.

그 결과 양질의 기술력을 가진 미용실도 경영악화로 동반 도산하게 되었고, 기술과 수익적 측면에서 점차 산업 경쟁력을 잃기 시작했다. 2010년 소상공인 수익구조 실태조사에 의하면 월 200만원 이하의 수익구조를 가지는 곳은 전체 약 81%를 차지하고 있다 한다. 이제 공동브랜드 등의 조직화를 통해 강화된 차별화 전략과 기술력 및 합리적 가격으로 새로운 수요층의 고객가치를 창출해 나가는 전략이 필요한 시점이다.

세 번째, 양극화가 심화되었고, 산업인력의 극단적 편중화가 발생되고 있다. 도시 상권 중심의 대형 미용실은 전체의 약 2%, 지역 중심의 중소형 미용실과 비교할 경우, 투입 자본의 규모, 서비스의 가격구조, 시설 등의 측면에서 큰 차이를 가지고 있다. 따라서 산-학-관의 산업 육성 정책은 대형화로 편중될 수밖에 없었고, 중소형 미용실의 위기는 그 틈바구니 속에서 감춰져 왔다. 절대 다수를 차지하는 중소형 미용실의 인력은 학원 중심으로 배출된 인력들이 대부분이지만, 대학 관련학과의 증가와 면허 발급, 정부의 무료교육 등으로 인해 학원 산업은 사장 되었고 인력 배출은 전무한 상태가 되었다.

반면, 대학은 졸업자들을 한정된 대형 미용실로 취업시키기 위해 적극적인 구애활동을 펼치고 있다. 이러한 상황은 인력 편중과 양극화 속도를 가속화 시키고 있다. 따라서 뷰티서비스 산업 전체의 경쟁력 향상을 위한 대의적 차원에서의 선택과 집중이 필요하다. 예비 미용인들에게 뷰티서비스 산업의 특징을 이해시키고, 중소형 미용실에 대한 비전을 제시함으로써 직업에 대한 설계를 할 수 있도록 하는 시스템 변화에 집중해야 한다.

네 번째, 전근대적 요소의 뿌리 깊은 잔존과 기존 미용인들의 의식변화에 한계가 있다. 대부분의 미용인들은 아직도 기술 중심적 사고와 방어적 사고를 가지고 있다. 변화에 익숙하지 못하며, 적응하려는 노력도 부족한 편이다. 하지만 시대는 빠르게 변하고 고객의 요구는 다양해 졌다. 급속히 진행되고 있는 노령화 사회는 사회 구조적 변화를 야기하여 상상할 수 없는 소비 패턴의 변화를 예고하고 있다. 따라서 미용인의 의식변화는 미래생존을 위한 선택이 아니라 필수조건이 되어야 한다.

다섯 번째, 고학력자 미용인의 사회진출과 직업 선택에 한계가 있다. 매년 미용관련(전문) 학사와 석사, 박사들이 배출되고 있으나, 이들의 직업 선택에는 한계가 있다. 뷰티산업 성장이 고학력자들을 흡수할 만큼 성숙되지 않았다는 증거이다.

그들의 사회 진출에 대한 문제는 일자리 해결이라는 새로운 과제로 이슈화되고 있다. 이에, 뷰티서비스 산업의 성장과 발전에 고학력자들의 역할을 명확히 하여 그들의 역량을 발휘할 수 있도록 기회를 제공해야 한다. 즉, 지식기반 컨설팅 산업의 육성으로 신규 일자리를 확보하고, 영세 소상공인 미용인의 경영개선과 한국 뷰티서비스 산업의 개선과 발전에 기여할 수 있도록 해야 한다.

이렇듯 다양하고 복잡하게 얽혀 있는 뷰티서비스 산업의 현안 문제들을 해결하기 위해 지식기반의 컨설팅 산업은 집중 육성되어야 하고, 그들이 영세 소상공인 미용실의 경영개선과 시스템을 변화시키는 협조자로서 역할을 수행해야 하여 현업 경영자의 역량을 향상시키고, 경쟁력을 강화시킬 때 뷰티산업이 국가 경쟁력 산업으로 성장하게 될 것이다. 컨설팅 산업 육성의 의미는 '뷰티 컨설턴트들은 사회적 책임을 수행하고, 뷰티서비스 산업의 발전에 기여하며, 지식기반의 컨설팅 산업 육성으로 신규 일자리를 창출한다.'는 의미를 가지고 있다.

2 뷰티서비스 산업 발전에 대한 잘못된 정부 정책에 대한 비판

본 내용은 정부 정책에 대한 비판의 내용으로 뷰티컨설턴트가 수행해야 하는 컨설팅 영역이 단순히 소상공인 자영업에 국한되는 것이 아니라 뷰티서비스 산업 전체에 대한 것임을 각인 시키고 '사회적 책임'의 중요성을 강조하기 위함이다.

컨설팅 산업의 육성은 뷰티서비스 산업의 자율적 시장성장과 역량강화를 통해 다양한 형태로 발현되었다. 하지만 이러한 비약적 발전에도 불구하고 정부는 이해관계자적 시각의 틀에서 벗어나지 못하여 잘못된 접근 방법을 선택, 수년간 시간과 비용의 손실을 야기하는 오류를 범했던 적이 있다.

정부는 뷰티서비스 산업 육성을 위한 해법으로 예산을 투입, 시장 경쟁력과 활성화에 집중했다. 하지만 중장기 전략적 시각의 부족과 이해관계자의 잘못된 접근으로 인해 사업은 난항을 거듭해 왔다. 그 예로 소규모 영세 사업장인 뷰티숍의 경쟁력 강화를 위해 시행된 정부 '지원 프로그램'을 진흥원 산하 특정 브랜드 사업으로 국한하여 자율적 시장성장을 저해한 사례다.

당시 뷰티경영 컨설턴트를 중심으로 '정부는 정부 주도의 소규모 뷰티숍 지원사업에 문제는 없는가? 정부가 뷰티산업에서 특정 브랜드사업을 하자는 것인가? 특정 브랜드에게 특혜를 주자는 것인가?'에 대한 의문을 제시 하였다.

당시 내용을 요약하자면, 2011년 한국보건산업진흥원이 주관하고 시행했던 '2011년 소규모 뷰티숍 컨설팅 지원사업'과 '지원 프로그램'의 내용이 특정 브랜드에 특혜를 주는 형태로 변질된 것을 지적, 한국 뷰티서비스 산업의 올바른 성장과 발전을 위해 정부가 세운 초기 목적과 취지에 맞게 수정, 보완될 수 있도록 의견을 제시한 사례다.

정부가 내건 '2011년 소규모 뷰티숍 컨설팅 지원사업 모집공고(2011.6.2)'에는 'OOO(실명은 제외)' 가입의사를 묻는 조항이 있고, 가입시 간판교체 비용(사업비의 50%, 100만원 이내)을 지원하고, 월1회 교육지원, 정기적 컨설팅 지원, 홍보 등을 지원하겠다는 내용이 있었다.

보건복지부와 한국보건산업진흥원이 '뷰티산업 경쟁력 강화 정책'의 일환으로 실시한 공동브랜드 육성사업은 다음과 같다.

- 2010년 2월, 보건복지부 사업계획 승인
- 2010년 4월, 뷰티서비스 '영세 영업자 공동화사업모형 개발 및 시범운행' 시범사업자 선정
- 2010년 6월, 10년도 공동브랜드 가입, 공동사업자 9개 업소 선정(헤어-3곳, 피부-3곳, 네일-3곳)
- 2010년 7월, 공동사업자 오픈교육
- 2010년 7월, 공동브랜드 'OOO' 사업 시범운영 실시

2010년에 정부 지원금으로 공동브랜드의 표준이 만들어졌고 시장 검증을 위해 공동사업자 'OOO' 라는 브랜드를 만들어 시범운영을 시행하였다. 그리고 2010년 12월 서울교육문화회관에서 복지부와 대한뷰티산업진흥원이 사업평가회에서 성공적 시범사업으로 시범 운영업체들의 괄목할 만한 성장을 인정했고 사업을 종료하는듯 했다. 그리고 시범 사업을 마쳐 민영화하기로 했던 당초의 약속을 지켜 상호 공정한 경쟁으로 자생력을 가지게 하는 줄 알았다.

그러나 정부는 2011년 하반기에 시행하는 '소규모 뷰티샵 컨설팅 지원사업'에 다시금 '특정 브랜드' 가입을 유도하고 사업비를 지원한다는 혜택을 제시하고 있다. 2011년 6월, 보건복지부와 한국보건산업진흥원이 정부시원금으로 중소형 미용실의 경쟁력 강화를 위해 '뷰티 경영컨설턴트 교육'을 시행했고, 3/4분기부터 컨설턴트가 정부 지원금을 받아 중, 소형 뷰티샵(4인 이하)을 방문하여 현장 컨설팅을 진행했다.

문제는 특정 브랜드 가입시 간판 교체비용 50%를 지원, 정기적인 슈퍼바이저 관리지원, 홍보지원을 받을 수 있다는 내용과 컨설팅 지원이 OOO 가맹자들에게만 주는 특전으로 공고되었다는 것이다. 물론, 이 같은 정부의 무상지원이 영세 미용인들에게는 무척이나 반가운 소식이 아닐 수 없다. 하지만 정부가 제시한 특정 브랜드 가맹에 국한하여 지원한다는 것은 정부가 국민의 세금으로 특정 브랜드 사업을 유도한다는 해석에서 자유로울 수 없다.

정부가 공동브랜드 OOO를 신설하여 기존의 공동브랜드와 경쟁하겠다고 나선다는 것은 어떤 경우로도 납득할 수 없는 문제다. 정부의 특혜를 받는 특정 브랜드와 경쟁하여 살아남을 수 있는 기존 공동브랜드가 있겠는가? 이는 기존의 공동브랜드들을 무력화시키고 공정한 경쟁 없이 정부주도의 공동브랜드만을 키우겠다는 의지로 밖에 비쳐지지 않았다.

실제 2010년 뷰티서비스 산업에서 자율적 성장에 의거한 공동브랜드가 다양한 형태로 나타났으며 시장 성장의 원동력이 되고 있었다. 하지만 이러한 잘못된 정책적 오류로 인해 뷰티서비스 산업에서의 '공동브랜드화' 산업은 대부분 몰락하고 말았다.

정부의 초기 사업 운영계획은 분명, 중소형 미용실의 개선과 발전을 위한 '뷰티서비스의 규모화, 전문화 및 경쟁력 강화를 위하여, 공동브랜드 경영모델(프랜차이징 모형을 개발)을 개발하고 개발된 경영모델의 시범운영'을 통해 취약한 뷰티서비스 산업을 육성하자는 취지를 가지고 있었다.

그러나 정부는 2011년까지 민영화를 하지 않고 있으면서, 지속적인 정부 지원금 특혜를 몰아주고 있었다. 국민의 세금으로 수행되는 본 사업이 2010년에 이어 2011년까지 특정 브랜드를 육성하는 데만 여념이 없다는 것은 사업 내용에 진정성과 발전성이 없었다는 것을 반증하는 것이었다.

기존 미용실(헤어, 피부, 네일) 시장이 대기업의 사업 참여로 인해 영세 중, 소형 미용실이 막대한 영향을 받고 있다면 그들을 보호하기 위해서 정부가 나선다는 것은 약자를 보호하기 위한 올바른 선택으로 충분히 이해할 수는 있다. 하지만 2008년 이후 전체의 98% 이상의 중, 소형 미용실은 시장경제 논리에 따른 경쟁에서 살아남기 위해 자생적인 공동브랜드 시장을 형성해 왔고 자율적 경쟁이 벌어지고 있는 상황에서 정부가 정부의 지원으로 특정 브랜드만을 육성, 특혜를 준다는 것은 신생 공동브랜드를 사장 시키는, 시장경제 원칙에 위배되는 심각한 상황을 야기하고 있다는 사실을 인지해야 한다.

정부의 일방적 지원을 받는 업체와 싸워 이길 수 있는 기업은 없다. 특히, 미용 산업에서 자생적으로 만들어진 공동브랜드 업체들은 대부분 영세하기에 문제는 더 심각하다. 건실하게 성장해 오고 있었던 기존 사업자들은 이런한 정책으로 인해 경영적 어려움을 겪게 되었고 시장에서 사라지게 되었다. 누구나 경쟁에서 살아남기 위해 몸부림치는 상황에서 자생력 없는 산출물을 끼고 보호하려고만 한다면 이는 국민의 혈세를 낭비하는 직무유기라고 생각하지 않을 수 없다.

정부의 잘못된 행정은 향후 정부가 시행해야 해야 하는 크고 작은 프로젝트의 신뢰와 직결되는 중대한 문제이다. 정부가 시행하는 행정은 공정해야 한다. 정부가 해야 하는 역할은 '약자가 강자에게 피해를 보지 않도록 정당한 경쟁을 할 수 있는 시장을 만들어 주고, 발전적 모델을 제시하여 시장발전을 이끌어 내는 것'이어야 한다.

정부가 만든 '공동브랜드 표준화 시스템' 모델은 특정 브랜드만이 사용할 수 있는 산물이 되어서는 안되며 뷰티서비스 산업을 육성하기 위해 만들어진 공동의 결실이어야 했다. 하지만 아직도 오류에 대한 분명한 해결을 제시하지 못하고 이해관계자적 입장을 대변하고 있다. 정부는 뒤늦은 시점이지만 '특정 브랜드'사업이 아닌 시장을 육성하는 사업으로 정책 방향을 수정해야 할 것이다.

정부의 자금으로 운영되는 컨설팅이 특정 이해관계자를 위한 브랜드 가입을 유도하는 수단이 되어서는 안된다. 모든 공동 브랜드 업체들에게 기회가 균등하게 주어져야 하며, 소규모 뷰티샵이 컨설팅을 받은 후에 어떤 공동브랜드를 선택하든지 그들이 받는 지원 혜택이 평등해야 한다.

정부 주도의 단일 브랜드를 중점 지원하여 시장경제의 흐름을 막아서는 안되며 시범사업의 결과를 영세 소상공인 미용인들이 공유하도록 하여 양질의 프로그램을 누구나 특정 규제 없이 활용하도록 해야 한다. 그렇게 해야만 소상공인 미용인들이 자발적 참여와 선택으로 공정한 상호 경쟁을 할 수 있고 이런 과정에서 비로소 뷰티서비스 산업은 육성, 발전될 것이다.

특정 브랜드만을 비대하게 키우는 것이 아니라, 양질의 여러 공동브랜드를 육성하여 영세 소상공인 미용인들이 자발적 참여와 선택으로 상호 경쟁토록 할 때 비로소 뷰티서비스 산업이 개선 발전될 것이다.

정부는 산업을 육성하기 위해 다양한 공동브랜드를 활성화시켜야 할 의무가 있다. 정부가 운영하는 특정 브랜드만을 살리고자 정부지원금을 사용해서는 안 된다. 무엇보다 정부가 특정 브랜드 사업을 한다는 의도도 가져서는 안된다.

잘못된 행정은 국민의 혈세를 낭비하는 것을 넘어 향후 정부에 대한 산업종사자들의 불신을 오랫동안 남게 해 산업 성장을 저해하는 치명적 요인이 될 수 있다. 혹시나 정책에 대한 오류가 있었다면 무엇이 문제였는지 원인을 찾아내고 조속히 수정 보완해야 하며, 책임져야 할 부분이 있다면 당당히 책임지는 자세, 이것이 선진 대한민국의 뷰티서비스 산업을 육성하고자 하는 사람들이 가져야 할 자세라 생각한다.

* 2011년 8월1일자 뷰티신문수 신문기사 참조

memo

제 3 장

미용산업 비즈니스 컨설팅의 의미

뷰티산업 비즈니스 컨설팅

3

1 컨설팅 산업의 이해

2 컨설턴트의 특징

3 컨설팅 수행절차

3

미용산업 비즈니스 컨설팅의 의미

뷰티산업 비즈니스컨설팅은 뷰티숍이 요구하는 경영개선 활동과 목표를 달성하기 위해 수행하는 일련의 행위를 말한다. 비즈니스컨설팅을 수행함에 있어 가장 중요한 것은 기업의 전략에 대한 해석이다. 기업이 가지고 있는 전략에는 도덕적 가치가 있어야 한다.

전략은 기업이 수립한 사업목표를 달성하기 위해 구상하는 핵심성공인자에 대한 실행계획이다. 전략은 기업이 수행하는 사업 아이템의 사업범위, 사업의 진행 방향과 속도, 달성의 크기와 시간 등을 결정한다. 기업이 사업목표를 달성하기 위해 무엇을 언제, 어디서 부터, 어떻게 수행할 것인지를 구체적으로 설정하는 것이며 사업을 수행하기 위해 반드시 가지고 있어야 하는 것이 있다. 이것은 기업이 제시하는 비전을 달성하기 위한 미션이다. 따라서 기업의 전략에는 도덕적 가치가 있어야 한다.

기업의 도덕적 가치에 대해 GE의 잭 웰치(Welch)는 이렇게 말했다. "제너럴 일렉트릭(GE)에서 내가 날마다 강조한 것은 도덕성이다. 그것은 최우선 가치로 결코 타협할 수 없는 것이다. 탁월한 경쟁력은 도덕성과 양립할 수 없다. 나는 지금도 모든 경쟁력은 도덕성이 기초가 되어야 한다고 믿는다."며 기업의 도덕성을 강조했다.

비즈니스컨설팅은 이러한 도덕적 가치를 수행할 수 있도록 기업의 조력자 역할을 수행하는 사회적 책임을 가지고 있어야 한다.

만약 당신이 자동차를 타고 가을 낙엽이 떨어지는 멋진 길을 드라이브하고 있다고 가정해 보자. 그때 사랑하는 사람으로부터 카카오톡 문자를 받는다. '카~톡~!' 당신은 카.톡 문자를 보고 행복에 젖어 '기뻐요'라는 버튼을 누르는 순간, 앞쪽 건널목에 연인인 두 사람이 길을 건너고 있는 것을 보았다. 아무리 빨리 브레이크를 잡아도 피할 수 없는 상황이라고 가정해 보자. 당신은 위기를 모면하기 위해 순간 왼쪽으로 시선을 돌린다. 맞은편에서 트럭이 오고, 오른쪽 건널목 초입에는 공사중이라는 푯말과 함께 인부 한명이 건널목 페인트 칠 작업을 하고 있다. 나는 순간적 판단으로 건널목을 건너고 있는 두 사람이 사고를 당하느니 한사람이 사고를 당하는 편이 낫겠다고 생각하고 핸들을 오른쪽으로 꺽었다. 그리고 일에만 열중하고 있었던 공사 인부는 사고 현장에서 죽고 말았다. 이런 상황에 당신의 판단과 행동이 도덕적으로 올바른 행동이었다고 말할 수 있는가?

또, 일을 하고 있던 인부의 입장에서 보자. 인부는 자신이 지켜야 하는 공사 규범을 지켰으나 건널목을 건넜던 연인은 신호를 위반했다. 인부의 입장에서 운전자를 바라볼 때 운전자의 결정이 도덕적으로 올바른 행동이었다고 이해될 수 있는가?

또 다른 각도에서 생각해 보자. 나는 행인이다. 누군가 드라이브를 하고 있고, 나는 동료와 길을 걷고 있다. 그런데 운전자가 건널목을 보지 않고 핸드폰을 응시하고 있다. 이 상황에서 누군가 운전자에게 경고를 한다면 건널목을 건너는 두 연인은 사고를 피할 수 있다. 만약 내가 몸을 날려 차량 앞으로 뛰어든다면 운전자는 놀라 브레이크를 밟을 것이며, 사고를 예방할 수 있을 것이다. 그런데 나는 불행하게도 사고를 당할 수밖에 없다. 나는 부양해야 하는 아이와

아내, 그리고 부모님이 있다. 그러나 같이 있었던 동료는 독신에 부양할 가족도 없다. 그래서 나는 나보다 동료가 사고를 당하는 것이 났다고 판단하고 동료를 도로로 힘껏 밀었다. 다행히 운전자는 놀라 브레이크를 밟았다. 불행히 동료는 죽었다. 하지만 건널목을 건너는 두 연인은 살았다. 결과적으로 한사람은 죽고, 두 사람이 살 수 있었다. 이때 나는 이러한 행동은 도덕적으로 올바른 행동이었다고 말할 수 있는가?

결론적으로 두 연인은 사고를 피할 수 있었다. 그런데 그 두 사람은 이런 상황에서 운전자와 공사인부, 건널목으로 동료를 밀었던 나의 행동에 대해 도덕적 기준을 들이댄다. 누가 올바른 행동이었는지 두 사람끼리 논쟁을 한다. 이들의 행동은 도덕적으로 올바른 행동인가?

이처럼 도덕적 가치는 원인과 결과에 따라, 보는 이의 이해관계자적 시각에 따라 전혀 다른 각도에서 재해석이 된다.

비즈니스에서 도덕적 가치는 기업의 성공과 실패에 기준이 된다. 문제를 가지고 있는 쇠퇴하는 기업의 특징을 보면 성공에 대한 자만으로 원칙 없는 사업을 확장 하게 되고 위기 및 위험에 대한 경고를 무시하며 회생을 위한 무분별한 노력으로 사라지거나 겨우 명맥만 유지하는 경우가 많다. 하지만 기업이 도덕적 가치를 명확하게 하고 전사적으로 기업 문화로 정착시킨 곳은 사회에서 인정받는 기업이 된다.

비즈니스컨설팅은 이렇듯 개인 또는 기업에 도덕적 가치를 심어주는 역할을 해야 한다. 주관적 시각에서 벗어나 객관적으로 사물을 바라볼 수 있어야 하고 문제를 분해하고 재해석 할 수 있는 능력을 가지고 있어야 한다. 그 결과 기업이 도덕적 가치를 준수하게 하고 옳고 그름을 판단할 수 있도록 역량을 가지게 하고 나아가 경쟁력을 가지게 하는 것이 바로 비즈니스컨설팅을 수행하는 컨설턴트가 해야 하는 일이다.

기업의 전략적 체계

구 분	내 용
기업의 비전	• 원하는(희망하는) 것이 무엇인가? What we want to be • 기업이 추구하고자 하는 가치를 말함 – 최고, 최대, 일류, 글로벌 수준, 탁월한 경쟁력 등
기업의 미션	• 무엇이 되고자 하는가? What we should be • 기업이 수행해야 하는 책임과 의무가 존재함 – 윤리, 정직한 기업, 착한기업, 고객감동, 고객가치, 고객만족, 사회공헌, 도덕성 등
사업목표 (단기~장기)	• 미션을 달성하기 위한 것으로 3~5년 이내에 실현하고자 하는 To-be 상태(단기는 일반적으로 1년을 말함)
경영목표	• 단기적 관점에서 달성하고자하는 성과 • 사업계획, 매출계획, 운영계획(생산, 구매, 투자, 조직 등)
사업전략	• 경쟁우위전략(경쟁전략) – 원가우위전략 – 차별화전략 – 집중화전략 • 상황 및 환경대응전략(대응전략) * SWOT • 성장전략(지속적 성장전략)
핵심성공요인	• CSF(Critical Success Factor)를 선정
세부실행계획	• 영역별 KPI(핵심성과지표, Key Performance Indicator)지표 수립 및 실행

도덕적 가치에 기반을 둔 전략이 수립되었다면 기업에서 비즈니스컨설팅을 수행하기 위해 어떤 일을 하는가?

기업이 컨설팅을 요구하는 항목은 일반적으로 '목적달성, 문제해결, 기회포착, 경쟁력 강화, 변화 수용' 등이다. 비즈니스컨설팅은 이러한 기업이 처한 항목에 대해 현실적 상황에 대한 정확한 진단이 필요하고 원인을 파악, 대안을 수립하여 개선하고 정착해야 한다. 비즈니스에서 경쟁력이라 함은 평균 이상의 성과를 지속적으로 창출할 수 있는 역량을 말한다. 즉, 경쟁우위(Competitive advantage, Competitive edge)를 가져야 하고 경쟁력을 지속적으로 유지해야 하는 지속성(Substantiality)을 가져야 한다.

컨설팅을 수행함에 있어 상황과 문제에 대한 정확한 진단은 컨설팅 성과의 중요한 시발점이 된다. 진단의 궁극적인 목적은 문제 해결로 진단을 통해 현상을 분석하고 개선하여 그와 유사한 문제의 유형이 재발하지 않도록 시스템으로 정착하는 것이다. 기업의 진단에는 여러 가지 툴(Tool)이 응용되고 있다. 진단에는 외부환경진단과 내부역량진단이 있으며 진단에 근거하여 분석을 할 수 있는 매트릭스분석이 있다. 진단과 분석이 끝나면 문제 해결을 위한 개선방법을 도출하고 실천을 위한 시스템 정착을 수행하게 된다.

구 분	내 용
외부환경 진단법	• 거시환경을 분석하기 위한 PEST 분석 – PEST • 산업 수익성 분석을 위한 5 위험요인 – 5 Forces • 시장동향 분석 – MTA • 시장수명주기(Life Cycle) 분석 – MLC • 고객 목소리 – VOC • 고객중심 혁신지도 – CCIM
내부환경 진단법	• 7S 모델 • 가치사슬(Value Chain) • BSC(Balanced Scorecard) • CSF(Critical Success Factor) * 8-CSF(핵심성공인자) • 현장의 소리(VOE)
매트릭스 분석기법	• BCG 매트릭스 • 전략적 경쟁위치 매트릭스 • RMS-ROA 매트릭스 • IPA 매트릭스

기업이 컨설팅을 요구하는 보편적 항목들은 다음과 같다. 기업이 최초 수립했던 또는 신규로 설정한 목적을 달성하기 위해, 기업이 예상치 않은 문제에 직면하거나 미래에 일어날 수 있는 문제를 사전에 예방하기 위해, 불확실한 미래에 대한 기회를 포착하여 신규 비즈니스를 창출하기 위해, 시장의 위협 요인으로 작용하는 신규 시장 진입자나 기존 경쟁자간의 경쟁력 강화를 위해, 기업이 당면한 현안 문제를 해결하기 위한 전사적인 변화를 수용해야 할 경우 컨설팅의 필요성을 가지게 된다.

1 컨설팅 산업의 이해

컨설팅은 한국표준산업분류에서는 서비스산업으로 분류되어 '기타사업관련 서비스업'에 포함된다. '컨설팅'이란 고객의 요구에 의해 일정한 자격이나 능력을 가진 사람이 고객의 요청에 의한 목적 달성을 위해 문제점을 분석하고 해결방안을 제시하는 자문 및 지도의 역할과 문제 해결과 실행을 위한 서비스를 제공하는 독립적 활동 행위를 말한다.

국제노동기구(ILO)는 컨설팅을 '조직의 목적을 달성하는데 있어 경영, 업무상의 문제점을 해결하고, 새로운 기회를 발견, 포착하고 학습을 촉진하며, 변화를 실현하는 관리자와 조직을 지원하는 독립적인 전문 자문서비스이다.'라고 정의하고 있다.

컨설팅 분야는 우리사회가 가지고 있는 각 분야의 활동영역과 직, 간접적으로 연관되어 있다. 따라서 사람들은 컨설팅의 범위가 어디서 어디까지인지에 대한 의문을 제기한다. 과거 컨설팅의 범주는 진단, 자문, 상담과 같은 제3자적 입장에 국한되었지만 최근에는 제안, 지도, 공동작업의 영역으로 실행위주의 기능이 강화되었고 사후관리의 측면이 강조되고 있다.

컨설팅에 있어 중요한 것은 컨설팅을 수행하는 '사람'이다. 이러한 사람을 우리는 컨설턴트라고 부른다. 즉, 컨설턴트는 컨설팅을 수행하는 사람이다. 서양에서는 병원에서 전문의 단계를 지나 상당한 현장 경험을 가지고 종합 진단을 할 수 있는 사람을 컨설턴트(consultant)라고 한다. 뷰티컨설턴트도 마찬가지다. 뷰티서비스 산업에서의 충분한 현장경험과 전문지식들을 가지고 있어야 한다. 영업관리, 경영관리, 인사 및 재무관리 등에 대한 경험을 가지고 있어야 하며 정량화할 수 있는 역량을 가지고 있어야 한다.

컨설턴트는 고용의 형태에 따라 독립컨설턴트와 고용(계약)컨설턴트로 구분된다. 만약, 컨설턴트가 회사에 속해 있다면 그 회사를 컨설턴시(consultancy)라고 하고 컨설팅의 업무를 컨설팅비즈니스, 컨설팅서비스라 한다.

특화된 컨설딩 기술 및 툴을 이용하여 독립적으로 수행하는 지영업 독립컨설턴트는 소상공인에 해당하지만 기능면에서 대형법인과 다를 바 없다. 독립적으로 활동하는 컨설턴트는 최고경영자(CEO)로서 자금조달에서 마케팅, 홍보, 인적네트워크 형성, 영업활동과 같은 외부적 활동은 물론 인사관리, 자금관리, 프로젝트관리, 직무관리 등의 내부적 활동을 동시에 수행해야 한다. 독립컨설턴트의 경우 다양한 지식과 높은 역량을 겸비해야만 능력을 인정받는다. 최근에 컨설턴트를 중심으로 융합에 대한 관심이 집중되는 이유는 그들이 가지고 있는 다양한 분야의 전문지식이 융합 단계를 거치면서 예상치 못한 긍정적 결과물을 낳기 때문이다.

컨설팅은 업종이 다양해지고 경쟁관계가 복잡해질수록 수요가 증가되는 직종이다. 뷰티서비스 산업에서는 타 산업에서보다 그 중요성이 상대적으로 약하지만 중장기적 측면에서 소상공인 자영업자들의 역량강화 및 경쟁력 향상이라는 측면에서 산업의 활성화를 위한 대안으로 뷰티컨설팅이 제시되기도 한다.

1. 컨설팅 산업의 의미

컨설팅이 인기 있는 이유는 첫 번째로 사회 은퇴자의 경험을 관련 분야에 재활용할 수 있어 신규 기회를 창출할 수 있다. 중장년층의 사회 은퇴자가 증가되면서 해당 전문 분야 지식 경력자가 넘쳐나고 있다. 이들의 기업 및 조직에서의 노하우는 신생기업 또는 성장단계에 있는 기업에서는 둘도 없는 기회를 제공해 줄 수 있는 능력을 가지고 있는 사람들이다. 이들의 노하우는 기회 손실을 줄이고 비용을 최소화 하며 성공 가능성을 높이는 계기가 되어 수요가 증가되고 있다.

두 번째로 지식 서비스 전문 직종의 특수성으로 제약 범위가 없다는 것이다. 개인적 제약으로 작용하는 출퇴근 시간, 작업 공간의 크기, 영업 및 프로젝트 수행 방법 등이 타 직업에 비해 비교적 자유롭다는 것이다. 이는 자유로운 개인 생활을 영위하며 경제적 수익을 올릴 수 있는 프리랜스 활동이 가능하기 때문이다.

뷰티서비스 산업에서의 컨설팅 산업이 가지는 의미는 다음과 같다. 첫 번째로 규모나 손익 부분에서 큰 양극화를 보이는 뷰티서비스 산업에서 약자로 분류되는 영세 자영업자들의 경쟁력 증대와 이해, 요구를 수렴하는 사회적 책임을 수행 한다. 두 번째 뷰티서비스 산업 발전에 기여하고 미용문화 개선에 앞장선다. 세 번째는 매년 수 없이 쏟아져 나오는 미용면허 소지자들로 과포화된 상태에서 고학력 학위 소지자들에게 신규 일자리 창출이라는 기회를 제공한다.

하지만 뷰티서비스 산업에서의 컨설팅 산업은 공간적 시간적 한계를 지니고 있다. 따라서 산업의 개선과 변화를 시도하는 노력으로 뷰티산업컨설팅이라는 새로운 분야가 생기게 되었다. 뷰티산업컨설팅이란 뷰티서비스 산업이 올바른 방향으로 성장할 수 있도록 사회적 책임을 수행하는 일련의 일들을 말한다. 뷰티산업에 대한 올바른 산업 성장을 목적으로 이슈화 되는 정치, 경제, 사회, 문화적 문제에 대해 객관적이고 합리적인 사고로 현상을 분석하고, 창의적 문제해결의 대안을 제시하여 산업발전의 견인차 역할을 수행한다. 이는 현존하는 뷰티산업의 문제를 이해 관계자적 입장에서 벗어나 대의적 차원에서 고민하고 실천함으로써 산업의 큰 틀을 움직이는 컨설팅을 의미한다. 이것은 뷰티산업컨설턴트의 시대적 책임인 것이다.

2. 컨설팅의 발생

컨설팅은 수요자의 '목적달성, 문제해결, 기획포착, 경쟁력 강화, 변화수용' 등의 요구에 의해 발생된다.

① 기업 및 조직의 목적달성 .... 목적달성

② 경영과 비즈니스상의 문제개선과 해결 .... 문제해결

③ 새로운 기회의 발견과 미래에 대응 .... 기획포착

④ 조직원의 학습을 통한 역량개발로 경쟁력 확보 .... 경쟁력 강화

⑤ 변화에 대한 대응과 실천 .... 변화수용

컨설팅은 수요자의 요구에 의해 실시되며 수행되는 서비스는 전문서비스(Professional Service), 자문서비스(Advisory Service), 독립서비스(Independent Service), 일시적서비스(Temporary Service), 상업적서비스(Commercial Service) 등이 있다

컨설턴트의 역할

성공창업	성공경영	변화관리
• 사업타당성 분석 • 경영정보의 제공 • 전문 인력의 제공 • 협업화 • 전문의견 제시 (제품, 가격, 시장 등) • 표준화 및 메뉴얼화 • 사업 특성화	• 문제해결 (매출, 조직, 경영 등) • 기회포착 (시장동향, 역량분석 등) • 경쟁력 강화요인 도출 (관리회계적 사고 강화) • 지속적 손익증대 (경영관리 및 조직관리)	• 계획수립 및 Action Plan • KPI(핵심성과지수) • 카운슬링 • 지속적 실행, 유지관리 • 변화수용 (개선과 개혁 등) • 시스템 개선 • 환경개선

2 컨설턴트의 특징

컨설턴트는 직무의 특성에 따라 분류되며 나이, 경력, 학력은 컨설턴트의 능력에 비례되지 않는 지식서비스업이다. 컨설턴트의 업무 범위는 조사 분석으로 진단, 평가를 하고 문제해결 방법으로 상담, 자문, 지도, 사후관리를 수행하며 지식창출로 문서를 저술, 기고, 연구를 수행한다. 또한 지식공유를 위해 강의, 발표, 토론을 수행한다. 일반적인 독립컨설턴트가 가져야 하는 특징은 다음과 같다.

① 해당분야의 전문지식을 가지고 있어야 한다.
또한, 관련 분야에 대한 지식을 동시에 가지고 있어야 한다. 경영 개선이 목적인 컨설팅이라면 대내외 관리항목에 대한 이해가 필요하다. 즉, 현장(생산)에 대한 이해에서 원가 및 관리회계에 대한 지식, 영업관리 및 영업활동에 대한 전문지식이 필요하다.

② 다양한 지식의 융합능력이 탁월하다.
다양한 분야의 전문 지식을 이용하여 새로운 것을 창조해 낼 수 있는 융합능력이 필요하며 컨설턴트의 능력은 이것을 기준으로 판단되기도 한다.

③ 컴퓨터 및 IT 활용 능력이 우수해야 한다.
탁월한 컨설팅 성과를 내기 위해서는 전산업무 수행 능력이 필요하며 한글, 엑셀, 파워포인트, CRM solution, 포토샵, 일러스트, SNS 활용능력 등이 필요하다.

④ 표현의 능력과 사람관리 능력이 우수해야 한다.
페이퍼 한 장으로 사업을 설명하고 이해시킬 수 있는 능력이 있어야 한다.

⑤ 프로젝트 메니저(PM)의 관리력이 우수하다.

프로젝트를 만들어 내고 이것을 관리 통제해 낼 수 있는 능력이 있어야 한다. 누구나 PM이 될 수 있지만 성과에 있어서는 관리 능력에 따라 크기가 다르기 때문이다.

⑥ 변화에 익숙하고 자기노력이 강하다.

현실에 안주하지 않고 변화되는 환경에 능동적이며 자기개발에 인색하지 않아야 한다.

1. 컨설턴트의 의무와 역할

컨설턴트는 컨설팅을 수행하면서 지켜야 하는 '윤리강령'과 '행동지침'을 준수해야 한다. 일반적으로 컨설턴트가 속해 있는 조직에서 통합 관리되지만 독립컨설턴트의 경우에는 특수성에 맞도록 운영되기도 한다. 일반적인 윤리강령과 행동지침을 살펴보면 다음과 같다.

① 윤리강령 : 기업의 정보기밀 보안, 고객지향 봉사자세, 전문분야 신뢰유지, 관련법규 준수, 고객을 현혹하지 않고 추상적인 성과 결과를 예측하지 않는다.

② 행동지침 : 사전예약, 문서화, 수행계획 및 실적을 공유, 대화기법, 역할분담 등

예약은 사전에 하고 사전 정보 제공에 익숙해야 한다. 실적 및 계획에 대해서 문서화하여 전달해야 한다.

컨설턴트에게 부여된 의무와 역할을 수행하면서 필히 조심해야 하는 것은 자만심과 비도덕성, 비전문성, 객관성의 상실, 비과학성이다. 자만심은 행동, 언어, 차림새 등에서 나오기 때문에 유의해야 하며, 비도덕성은 윤리적 행동의 기준을 명확히 설정해서 자신을 컨트롤해야 한다. 전문성은 고객과의 신뢰 구축에 절대적인 사안으로 전문성 부재는 결국 실패한 컨설팅이라 할 수 있다. 객관성 상실은 주관적 사고에 의해 발생되며, 편견과 선입견 등의 나타나고 현상을 오판하는 오류를 범할 수 있다.

2. 컨설팅 서비스의 업무분야

컨설팅을 수행하는 활동 영역으로 구분되는 업무분야 매우 다양하다. 컨설팅 분야는 국가의 사업구조와 문화에 영향을 받아 형성됨으로 하나의 틀에 맞춰져 있지 않다.

우리나라의 컨설팅은 대부분 제조업과 관련되어 있다. 제조업에는 생산, 공정, 설비, 가공방법, 관리기법, 검사측정 등의 분야가 있으며, 경영일반이나 영업 등 지원 기능까지 포함하고 있다. 최근에는 유통 분야에서와 같이 단기적 컨설팅 효과를 요구하는 수요도 증가되고 있다. 유통분야는 점포진열, 상품배치, 유통망, 결재 시스템이나 프랜차이즈 시스템에 대한 컨설팅 등이 있다.

뷰티서비스 산업에서의 컨설팅 수요는 과거에 비해 다소 증가는 되었지만 산업자체의 상대적 영세성으로 기대에 미치지 못한 실정이다. 하지만 지식서비스업인 컨설팅의 수요증가는 과도기적 시장 상황에서 산업의 발전과 맥락을 같이 하기 때문에 많은 관심이 집중되고 있는 것은 사실이다.

분 야	내 용	비 고
창업	창업상담, 창업절차, 입지선정, 상권조사, 사업타당성, 지원제도, 구조개선, 자금조달, 신용보증, 사업자등록, 법인(개인)설립, 기업인수, 기업합병, 업종전환, 사업이양 등	
사업전략	장기계획 수립, 기업의 구조조정, 조직개편, 제품과 서비스의 합리화, 기업의 종합진단 및 평가, 경영전략, 판매예측 및 가격정책, 정보전략, 상품 및 서비스전략, 지식경영 및 지식경영기업기반구축, 기업인수 및 합병, 전략적 제휴 및 연계전략, 파트너십 전략 등	
생산 및 기술	기술개발, 생산계획, 제품개발, 프로세스혁신, 업무혁신, 공정혁신, 생산성향상, 100PPM, 품질혁신, 포장 및 물류혁신, 품질인증, 자동화, 환경개선, 소재개발, 신기술, 정보처리 등	
재무	재무 분석과 수익성관리, 위험인자 관리, 예산관리 시스템 구축, 자본관리, 원가분석, 사무화 등	
인력	인력자원개발, 교육체계설계, 경력관리, 인력계획, 조직진단 및 설계, 직무능력강화, 직무평가, 노사관계, 조직개선, 임금과 근태체계 구축 및 개선 등	
정보기술	정보기술역량 진단, 정보기술 관리체계진단, 정보기술 조직 진단, 정보기술 표준수립, 네트워크진단 및 설계, 데이터 모델링, 정보관리 프로세스진단, 정보보호체계 수립, 정보기술 프로젝트 관리 및 감리, 정보수집 결정, 전산화, 시스템 분석 및 설계, 소프트웨어와 하드웨어 평가 및 구축, 인터넷 서비스 강화 등	
영업 (일반) 관리	세무 및 회계관리, 경영혁신, 인사와 노무, 법률, 서무와 조직, 문서관리, 기획, 마케팅시장조사, 매장구성, 인력교육, 사업예측과 관리회계, 소비자만족 및 보상제도, 콜센터 전략 수립, 콜센터 프로세스 모델링, DB 마케팅전략 및 온오프라인 결합마케팅, 업종정보, 자금무역, 해외투자, 공제기금 등	
환경 및 품질	지역개발계획, 국제경제연구, 비용분석과 사회분석연구, 방침 및 전략수립, 고객만족, 업무성과 측정, 복지정책 등	
서비스	소호창업, 정보제공, 출판지원, 가상현실, 번역 및 편집, 지리정보시스템 교육훈련, 건강과 의학, 건축설계, 금융서비스, 교통물류, 및 유통전략, 마케팅 법인서비스, 그래픽 디자인, 부동산, 무역, 식품과 MATR, 여행관광 등	

* 컨설팅 활동영역

3. 컨설팅 형성의 조건

컨설팅이 의미를 가지기 위해서는 전문성과 사업성 그리고 고객지향성을 가지고 있어야 한다. 컨설턴트는 컨설팅 조건의 3가지 요소를 만족시키기 위해 끊임없는 자기개발을 수행해야 한다. 업무를 수행할 수 있는 역량, 관련 분야의 전문 지식습득과 다양한 경험의 응용, 직무 수행을 위한 필요 요소들을 가지고 있어야 한다. 컨설턴트의 업무 능력으로는 문제해결능력과 협상능력, 정보수집능력, 창의력과 미래예측능력이 필요하다.

① 전문성

분야별 지식의 차이를 나타내는 핵심이며, 컨설팅 사전 사후의 결과물의 차이를 결정짓는 중요한 요인이다. 전문성은 컨설턴트가 가지고 있는 역량으로써 서비스의 종류와 품질을 결정한다.

② 사업성

컨설팅은 비즈니스다. 따라서 컨설팅의 수행 여부는 사업성이 있느냐 없느냐에 의해 결정될 수 있다. 컨설팅은 서비스로써 상품의 가치를 가지고 있어 사업성을 가지고 있다. 컨설팅 효과는 투여되는 비용에 비례하는 것이 일반적이다.

③ 고객지향성

컨설팅은 기업의 도덕성과 윤리성에 기반을 두고 있어야 하며 기업이 당면한 문제를 해결해야 한다는 고객 지향성을 가지고 있다. 컨설턴트는 사회적 책임(CSR, Corporate Social Responsibility)을 중시한다. 컨설턴트와 고객이 서로 만족하더라도 중, 장기적으로 사회의 보편적 가치에 위배되거나 문제가 되어서는 안 된다. 비즈니스 수행에는 복잡하게 얽힌 다수의 이해관계자(stakeholder)가 존재할 수 있다. 이에, 뚜렷한 가치관이 없을 경우

도덕성에 위배되는 컨설팅을 수행할 수 있게 된다. 컨설팅은 철저하게 도덕적 가치가 지켜지는 고객지향성을 가지고 있어야 한다.

업무능력	업무능력	지식과 경험	행동특성
문제해결 능력	적절한 의사결정	경력	수용성
	문제해결	경제일반	정보분석 및 논리성
	인재관리	작문 및 문법	리더십
	표현력	통계 및 발표	개방성
	창의력 및 예측능력	생산 시스템	성취감
	재정관리(관리회계)	인간심리 및 행동	사회성
	교수능력	역사와 문화	배려
협상능력	협상력	금융 및 다양한 정보	자발성
	합리적 사고	시사용어	책임감
	의사소통기법	통신기술	도전정신
	설득력	인적자원관리	인내심 및 자기통제
정보수집 능력	시스템 분석	마케팅	혁신적 사고
	문서작성 및 편집	철학과 종교	치밀함
	정보수집 및 분석	공학원리	정직성 및 도덕성

4. 컨설턴트가 지녀야 할 일반적 사고와 행동특성

컨설턴트는 전문지식과 경험, 학문적인 지식은 물론 실무적인 지식을 필요로 하며 지식을 사용함에 있어 나타나는 상황대응과 문제해결을 위한 개인적 및 사회적인 경험이 필요하다. 직무행동 특성에서 컨설팅은 다른 직업과는 다른 행동양식을 필요로 한다. 카멜레온처럼 주변의 환경에 맞추어 적응하고, 즉각적인 분석능력과 직관력을 가지고 있어야 한며, 철인과 같은 건강과 정신력이 있어야 하고 고성능 안테나와 같은 네트워크 기능을 스스로 갖춰야 한다.

컨설턴트가 지녀야 하는 사고로는 첫 번째 상대에 대한 배려이다. 이것은 인간관계 및 네트워크 형성에 기초가 되며 고객으로부터 신뢰를 받을 수 있도록 하여 고객이 현상에 대해 더 구체적이며 적극적으로 대응하도록 만들 수 있다. 두 번째는 긍정적인 사고이다. 어떤 문제든 해결할 수 있다는 자신감으로 문제해결의 성과와 관련된다. 세 번째는 상식에서 벗어나지 않아야 한다. 누구나 이해 가능한 것을 지켜야 하며 보편적으로 이해될 수 없는 행위는 하지 말아야 한다. 네 번째로는 상대방의 눈높이에 맞는 행동과 언어를 사용해야 한다.

컨설턴트가 컨설팅을 효과적으로 잘 수행하기 위해 가져야 하는 마음가짐으로는 다음과 같다.

① 사람과의 만남을 두려워하지 않고 즐긴다.

② 긍정적이고 합리적인 사고와 행동을 가지고 항상 실천해야 한다.

③ 자만에 빠지지 않아야 한다.

④ 성실하게 자신의 직무에 충실 한다.

⑤ 상대방의 입장에서 생각하고 상대방의 대화를 듣고 말하는 습관을 가진다.

⑥ 프로젝트가 결정되면 집중하고 해결하고자 하는 집념이 강해야 한다.

⑦ 변화에 능동적으로 대응해야 한다.

⑧ 발품과 팔품의 중요성을 알아야 한다.

⑨ 스케쥴을 계획적으로 관리, 통제할 수 있어야 한다.

컨설턴트가 컨설팅을 수행함에 있어 지켜야 하는 원칙이 있다. 이것은 문제에 대한 접근을 용이하게 하고 컨설팅 성과를 높여준다.

① 문제를 여러 각도에서 볼 수 있는 제3자적 입장을 견지한다.
고객과의 거리와 견해에 있어 거리를 두고 객관적 입장을 지켜야 한다. 대부분 조직이나 개인이 자신의 문제를 정확히 진단하지 못하는 이유는 제3자적 입장을 갖지 못하는데 있다.

② 어떤 장소, 시간, 공간에서든 업무에 대한 예절을 갖춰야 한다.

고객의 요구(needs)를 충족시키려면 무엇보다도 전문적인 기술과 경영의 능력을 보여주어야 하는데, 이를 실천하기 위해서는 고객에 대한 매너(manner)가 지켜져야 한다. 고객의 의견이나 진술을 성실하게 듣는 자세가 필요하다.

③ 성과는 고객과의 신뢰의 크기와 비례한다. 고객에게 신뢰를 주어야 한다.

컨설팅은 상하(上下) 관계로 형성된다. 따라서 컨설턴트의 일반적인 의사결정과 집행은 있을 수 없다. 결정은 고객이 한다는 것을 명심해야 한다. 따라서 고객이 신뢰를 가지고 있지 않다면 고객은 실행을 하지 않을 것이다.

④ 정성적 분석이 아니라 정량화된 분석으로 정확하게 진단해야 한다.

철저한 정보 수집과 데이터를 이용한 정량화된 면밀한 분석으로 오진에 대한 기회손실 비용이 없어야 한다.

⑤ 신뢰도가 높은 고급 정보를 입수할 수 있는 정보력을 가져야 한다.

환경의 변화와 트렌드를 잘 파악해야 하고 중요한 경제지표나 경제동향을 파악해야 한다. 컨설턴트는 경영환경을 따라잡기 위해서는 환경의 변화를 중점적으로 관리해야 한다.

⑥ 언제나 새로운 환경에 직면하기 때문에 끊임없는 자기개발을 수행해야 한다.

객관적이고 과학적인 판단을 위해 다양한 상식과 교양, 지식을 갖춰야 한다. 컨설턴트는 어떠한 화제를 내 놓아도 흥미와 관심을 가지고, 원만하게 분위기를 살리며, 대화가 이루어질 수 있도록 해야 한다. 전문분야의 업무수행에 맞는 실력은 기본이고, 컴퓨터 활용, 외국어 능력을 가져야 한다. 끊임없는 자기 노력이 필요하다.

컨설턴트에게 요구되는 업무능력을 7가지로 요약해 보면, 문제해결능력(33.5%), 전문지식(23%), 협상력(12%), 통찰력(11.5%), 프로젝트관리력(9.5%), 분석력(5.5%), 리더십(5.0%)으로 나타났다.

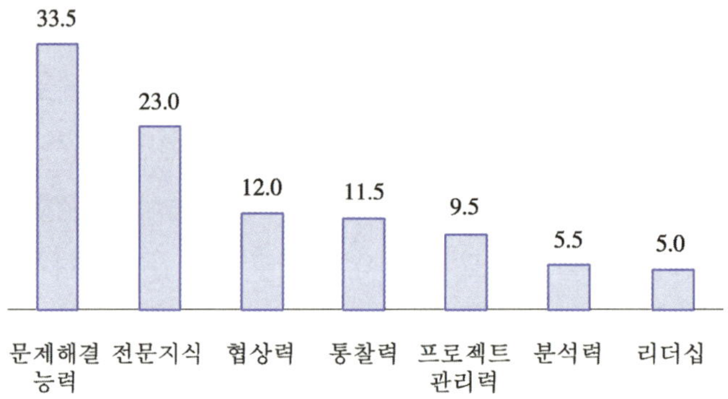

컨설턴트에게 요구되는 업무능력

컨설턴트가 이러한 필요 역량을 갖추기 위해 어떠한 교육을 받아야 하는가? 일반적으로 컨설팅협회에서 실시하고 있는 컨설턴트가 배워야 하는 주요과목으로는 컨설팅 산업에 대한 이해, 컨설팅 툴을 이용한 기법, 기업을 진단하는 진단이론, 프로젝트를 관리할 수 있는 PM, 남에게 이해를 시킬 수 있는 프리젠테이션, 컨설팅을 수행하기 위해 필요한 IT기술과 활용 및 융합, 수익성 향상을 위한 원가관리로 재무 및 관리회계, 조직 관리를 위한 인사관리, 매출증대를 위한 영업관리 및 영업전략, 경영관리, 마케팅기법, 중장기 사업전략, 생산성 향상을 위한 생산관리 이론, 품질개선을 위한 APQP 등의 교육이 진행된다.

컨설팅을 위한 기초 교육 내용으로는 경영일반, 컨설턴트 윤리, 인문학 및 교양, 전문지식이라는 측면에서 알아보면 다음 도표와 같다.

경영일반	컨설턴트 윤리	인문학 교양	전문지식
경영진단 및 분석	컨설팅의 자질	회의운영	미래예측
경영전략	컨설팅 프로세스	심리학	6시그마
영업기법 및 전략	최신기법연구	재무관리	M&A
기업현장 이해	컨설팅 툴 개발	세무법률	특허전략
정책 동향	컨설팅 방법론	금융	디자인경영
비즈니스 협상	컨설팅 사례분석	품질기능	산업지식
경영관리기법	성과관리	자금관리	환경분석
경영혁신 사례	자료수집	마케팅	기술사업화
협업화	연구 방법론	인사관리	원가관리
기업가치	조사분석	리더십 이론	기술평가
비즈니스의 이해	제안서 작성	조직운영 및 관리	OR
프로젝트 관리	문제해결	조직문화	목표관리
고객관리	프리젠테이션	생산 및 공정관리	시간관리
이벤트 전략	커뮤니케이션	통계적 기법	코칭기법

3 컨설팅 수행절차

컨설팅의 수행절차는 정해져 있지 않다. 컨설팅 절차는 한 가지 모델로 정형화 하기는 어려울 뿐이지 절차가 없는 것은 아니다. 그러나 수많은 사람들은 절차를 무시한다. 누구나 쉽게 할 수 있다고 생각하고 자신이 컨설턴트라고 말을 한다. 이들이 수행하는 것은 대부분 물건을 팔기위해 수단을 사용하는 단순한 자문의 역할이다. 이러다보니 고객들은 컨설팅을 무료로 제공하는 서비스라 여긴다. 돈을 주고받을 만큼 가치가 없다고 생각한다.

컨설팅이 산업의 핵심적 역할을 수행하기 위해서는 컨설턴트가 수행해야 하는 원칙이 있어야 한다. 그 원칙이 잘 지켜지기 위해서는 절차가 필요하다. 조직의 특성이나 의뢰인의 성격, 주변상황 등이 각각의 변수로 작용하여 컨설팅 수행절차 역시 그에 맞게 적용되어야 하기 때문이다. 컨설팅 수행절차는 역사적으로 변화 발전해 왔다. 대표적인 모델로는 르윈-샤인(Lewin-Schein) 모델(1961), 콜프-프록만(Kolb-Frohman) 모델(1970) 한국능률협회컨설팅 모델(1997), 국제노동기구(ILO)주관으로 정리된 밀란(Milan) 모델(1996), 매거리슨 12단계 컨설팅 모형(1988), 뷰티서비스 산업에서는 미용경영컨설턴트협회(BMCA) 모델 등이 있다.

이러한 모든 컨설팅 수행 모델의 공통점은 문제해결 방법으로 5단계를 말하고 있다. 창의적 문제해결 방법으로 제시되는 컨설팅 절차는 '문제발견, 원인규명, 해결대안 모색, 최적 안(案) 선택, 실행 및 변화관리'이다.

1. 르윈-샤인(Lewin-Schein) 모델

르윈-샤인 모델은 조직의 변화를 위해 동기를 유발하기 위한 해빙의 단계와 신속하게 변화의 과제를 수행하는 이동의 단계, 변화가 이루어졌으면 그 상태를 유지하는 재동결의 단계로 구분했다. 즉, 조직의 변화는 3단계를 거치며 이루어진다는 이론으로 개인과 집단으로 이루어진 조직의 태도 변화를 '해빙(Unfreezing) → 이동(Moving) → 재동결(Refreezing)'로 세 단계로 구분하여 설명하고 있는 모델이다.

단계구분	르윈-샤인(Lewin-Schein) 모델
해빙 (Unfreezing)	• 변화에 대한 조직의 수용성을 높이기 위해 동기 유발을 이끄는 단계 • 기존 상태를 풀어 헤침 • 사회구조적 변화를 대비하기 위해 IT 기술습득, 전문경영 기반구축 등의 필요성을 인식
이동 (Moving)	• 실제 변화를 위한 행위를 선택하여 시행하는 단계 • 신속하게 변화 조치를 취함 • 기술중심적 사고에서 전문경영으로 패러다임 변화
재동결 (Refreezing)	• 변화가 이루어지고 새로운 수준에서 균형이 이루어진 이후 그 상태가 고착화되는 단계 • 기존 상태로 복귀하는 것을 방지 • 전문경영을 바탕으로 기술경쟁력 우위 (유의 : 정점에서 기술중심적 사고로 회귀하는 특징을 가지고 있음)

컨설팅을 수행하며 변화를 관리하는 이론으로 변화추진 3단계 모델로는 르윈-샤인 모델이 사용되고 조직의 변화단계를 관리함에 있어 변화수용 4단계 모델로는 'AUAC' 모델이 이용되고 있다.

• 변화관리 이론

① 변화추진 3단계 모델
조직이 변화하는 단계로 르윈-샤인(Lewin-Schein) 모델로 설명

② 변화수용 4단계 모델
인지(aware) - 이해(understand) - 수용(accept) - 참여(commitment)

2. 콜프-프록만(Kolb-Frohman) 모델

조직의 변화 과정을 보면서 만들어진 모델이다. 콜프-프록만 모델은 조직의 변화과정을 7단계로 파악하고, 각 단계별 변화 담당자와 피변화자간 적절한 관

계가 형성되어야 하는 것으로 보고 있다. 즉, 상호 커뮤니케이션을 중요시하고 상호 신뢰를 먼저 형성하는 것을 우선시 한다. 뷰티서비스 산업의 중소형 미용실 컨설팅에 적절한 응용이 요구되는 모델이다. '조사(Scouting) → 착수(Entry) → 진단(Diagnosis) → 계획(Planning) → 행동(Action) → 평가(Evaluation) → 종료(Termination)'로 7단계를 구분하고 있다.

단계구분	콜프-프록만(Kolb-Frohman) 모델
조사 (Scouting)	변화담당자와 피 변화자간 상대의 요구와 노력을 평가하여 착수점을 결정하는 단계
착수 (Entry)	문제, 목표, 목적에 대한 정의를 내리고 상호관심과 신뢰를 확인하며 변화의 필요성에 대한 인식을 확실히 하는 단계
진단 (Diagnosis)	자료를 수집하고 관련된 이용가능자원을 평가하는 단계
계획 (Planning)	구체적인 목적을 정하고 목적달성을 위한 대안을 설정, 조직에 미치는 영향을 평가하여 실제적인 행동계획을 수립하는 단계
행동 (Action)	최선의 대안을 실행으로 옮기고 예상치 못한 상황이 발생할 경우 행동계획을 수정하는 단계
평가 (Evaluation)	목적이 얼마나 달성되었는지를 평가하고 계속적으로 발전시킬 것인지 중지시킬 것인지를 결정하는 단계
종료 (Termination)	새로운 행동양식을 확인하고 시스템의 소유권을 피변화자에게 완전히 이양시키는 단계

3. 한국능률협회컨설팅 모델

제조업 중심의 기업 컨설팅에 사용되는 모델로 복잡한 문제를 각각 다양한 전문분야의 사람들이 조직화 되어 컨설팅을 실시할 수 있는 모델이다. 한국능률협회에서 수행하는 일반적인 컨설팅 모델은 '프로젝트팀 구축과 작업계획 → 현상분석 → 가설설정 및 검증 → 해결방안 강구 및 구조화 → 실행계획 수립 → 실행'단계로 구분한다.

단계구분	한국능률협회컨설팅 모델
프로젝트팀 구축과 작업계획	팀 형성, 작업계획, 내부요원 훈련, 평가체계 수립, 보상 시스템
현상분석	경영성과, 보유자원, 조직운영, 프로세스, 갈등구조 등의 문제점 파악
가설설정 및 검증	경영성과, 보유자원, 조직운영, 프로세스, 갈등구조 등에서 발생한 문제의 원인 파악과 검증
해결방안 강구 및 구조화	경영성과, 보유자원, 조직운영, 프로세스, 갈등구조의 제약조건 하에서의 해결방안 강구
실행계획 수립	선택된 해결 대안의 실천적 적용을 위한 계획수립
실행	팀 구축, 모니터링, 평가, 피드백 및 수정

4. 한국경영컨설턴트협회 모델

한국경영기술지도사회로 자격양성과정을 별도로 두고 경영지도사와 기술지도사 자격을 두고 운영하는 사단법인이다. 한국경영컨설턴트협회에서는 '착수 → 진단 → 활동계획 수립 → 실행 → 종료 → 사후관리' 6단계로 구분하고 있다.

5. 밀란(Milan) 모델

국제노동기구(ILO) 주관으로 정리된 컨설팅 수행절차는 제반 이론들을 정리한 것으로 밀란(Milan) 모형이라고 한다. 밀란 모델의 특징은 구현(Implementation)의 단계에서 교육 및 훈련을 실시하고 종료 시 후속작업의 계획을 수립한 다음 철수 한다는 것이다. '착수(Entry) → 진단(Diagnosis) → 실행계획 수립(Action Planning) → 구현(Implementation) → 종료(Termination)'로 5단계를 구분하고 있다.

단계구분	밀란(Milan) 모델
착수 (Entry)	의뢰인과 만남이 이루어지고 예비 진단 과정을 통해 컨설팅 계약이 성립 • 의뢰인과의 미팅, 커뮤니케이션 • 예비문제 진단 • 컨설팅 수행계획 수립 • 의뢰인에게 컨설팅 수행계획 제안 • 컨설팅 계약 체결
진단 (Diagnosis)	의뢰인이 직면한 현안과 달성하고자 하는 목표에 대해 심층있는 정보 수집을 통해 문제를 파악하고 원인을 규명, 분석하는 단계 • 목적 분석 • 문제 분석 • 사실 발견과 종합 • 의뢰인에게 피드백
실행계획 수립 (Action Planning)	진단 단계를 통해 파악된 문제와 원인을 바탕으로 대안을 도출하고 실행계획을 수립 • 원인에 대한 문제 해결을 위한 해결 대안 개발 • 대안의 평가 • 의뢰인에게 해결대안 제시 • 실행계획 수립
구현 (Implementation)	수립된 실행계획에 따라 변화를 유도 • 실행지원 • 해결대안 조정 • 교육 및 훈련실시
종료 (Termination)	컨설팅 프로젝트의 완료결과를 보고하고 철수 • Project 평가 실시 • 최종보고서 작성과 제출 • 경영층 승인 획득과 공감 • 후속작업 계획 • 철수

6. 매거리슨 12단계 컨설팅 모델

현실에서 잘 적용되지는 않는 모델이지만 학술적인 가치가 있는 컨설팅 모형이다. 매거리슨은 컨설팅 과정을 크게 3단계로 나누고 다시 12개 과정으로 세분화하였다. 메거리슨의 12단계 컨설팅 모형은 르윈-샤인의 조직변화 이론인 '해빙-이동-재동결'과 맥락을 같이한다.

'접촉(Contact) → 준비(Preparation) → 계약(Contracting) → 계약을 위한 협상(Contract Negotiation) → 자료수집(Data Collection) → 자료분석 및 진단(Data Analysis and Diagnosis) → 분석 자료의 피드백(Data Feedback) → 분석 자료에 대한 토의(Data Discussion) → 권고 및 제안(Recommendation) → 최고경영층의 판단(Executive Decision) → 의사결정(Implementation of Decision) → 검토와 평가(Review)'등 12단계로 구분하고 있다.

단계구분	매거리슨 12단계 컨설팅 모형
도입단계	• 접촉(Contact) • 준비(Preparation) • 계약(Contracting) • 계약을 위한 협상(Contract Negotiation)
접근단계	• 자료수집(Data Collection) • 자료분석 및 진단(Data Analysis and Diagnosis) • 분석 자료의 피드백(Data Feedback) • 분석자료에 대한 토의(Data Discussion)
적용단계	• 권고 및 제안(Recommendation) • 최고경영층의 판단(Executive Decision) • 의사결정(Implementation of Decision) • 검토와 평가(Review)

7. 미용경영컨설턴트협회 컨설팅 모델

뷰티서비스 산업은 전체 시장의 98%가 소규모 뷰티숍으로 구성되어 있다. 2000년 이후 시장이 급성장하였으며 2013년에 와서는 과포화 상태에 이르게 되었다. 하지만 산업의 전문성을 가늠할 수 있는 컨설팅 산업의 성장은 타 산업에 비해 저조했고 결과적으로 전문성이 상대적으로 부족하다.

이에, 미용경영컨설턴트협회에서는 소규모 뷰티숍의 컨설팅 13단계 구분하고 있다. 이 모형은 콜프-프록판 모델과 르윈-샤인 모형을 응용하여 만들었으며, 소상공인 뷰티숍의 컨설팅에 적절히 사용할 수 있는 실전형 컨설팅 모형으로 이용되고 있다.

'접촉 → 사전계약 → 현장방문 → 자료수집 및 진단 → 문제점 제시 → 계약을 위한 협상(Contract Negotiation) → 본 계약(Contracting) → 자료 분석 및 진단(Data Analysis and Diagnosis) → 토의(Data Discussion) → 실행계획수립 → 실행 → 검토와 평가(Review) → 사후관리'등 13단계로 구분되어 있다.

일반적인 뷰티서비스 업종의 컨설팅은 창업 및 경영 현안의 문제 해결을 위한 컨설팅으로 구분된다.

첫 번째로 사업성 분석을 위한 사업타당성 분석으로 경영진단, 상권분석, 경쟁사 분석, 매출실적 및 추이 분석을 수행한다. 그리고 상권의 고객 특수성에 대한 분석을 통해 컨설팅의 방향을 설정한다.

두 번째로 컨설팅 전략에 대한 공유다. 충분한 고객과의 신뢰를 기반으로 사전 컨설팅 결과를 공유하고 항목별 전략으로 마케팅, 기술수준, 합리적인 가격설정과 운영, 미용서비스 예절, 대내외적 고객관리, 환경과 위생, 영업 및 경영관리, 직원 역량강화 등에 대해 공감대를 가져야 하며 문제 인지와 개선의지를 고양하고 구성원의 자발적 참여를 유도, 지속적인 실천의 중요성을 각인시킨다.

세 번째로 컨설팅 수행의 결과는 단기적 결과에 구애받지 않고 중장기적 전략적 시각으로 결과를 점검해야 한다. 프로그램 진단결과를 보고서로 제출하고 사후관리의 필요성을 전달하고 지속적인 현황 관리에 대한 중요성을 확인시킨다.

미용경경영컨설턴트협회의 13단계

<table>
<tr><th>단계구분</th><th>뷰티서비스 산업 컨설팅 모형</th></tr>
<tr><td>도입단계</td><td>• 접촉 및 정보교환과 사전계약
• 현장방문, 환경 및 경영자 분석
• 자료수집
• 문제점 확인과 공유
• 계약을 위한 협상(Contract Negotiation)</td></tr>
<tr><td>실행단계</td><td>• 컨설팅 계약(Contracting)
• 자료 분석 및 세부진단(Data Analysis and Diagnosis)
<table>
<tr><th>현장점검</th><th>비용점검</th><th>사업타당성검토</th></tr>
<tr><td>• 사전계약
• 현장방문
• 대내외적 환경분석
• 고객유입경로 분석
• 경쟁사 위치 분석
• 지리적 타당성 검토
• 규모적 타당성 검토
• 사업전략 구상
• 법률 및 세무지원
• 영업개시 절차</td><td>• 컨설팅 단기, 중장기 계획
• 컨설팅 소요시간
• 비용 및 처리방법 확정
• 창업 항목별 플랜 수립
• 기기 및 설비 제안
• 제품 연계 및 전략
• 인테리어 구상설계
• 인테리어 전개 협상</td><td>• 창업일정 종합 계획 수립
• 합리적 가격설정
• 세부 사업계획 수립
• 손익분기 매출액 산정
• 고객 및 시장분석
• 판매계획 수립
• 인력운영계획 수립
• 관리회계 운영계획 수립</td></tr>
</table>
• 토의(Data Discussion) 및 개선안 수립
• 실행계획 수립
• 실행을 위한 현장 개선 컨설팅 수행(프로그램 컨설팅)</td></tr>
<tr><td>사후관리단계</td><td>• 실천과 평가(Review)
• 사후관리 연계(지속적 역량개발과 관리)</td></tr>
</table>

memo

제4장

사고의 능력과 전략적 사고를 위한 기법

뷰티산업 비즈니스 컨설팅

4

1 사고 형성에 필요한 능력

2 전략적 사고를 위한 기법

3 시스템적 접근(Systems Approach)

4 경영전략 이론가

CHAPTER 4

사고의 능력과 전략적 사고를 위한 기법

1 사고 형성에 필요한 능력

컨설턴트가 가져야 하는 사고에는 4가지 사고의 유형이 있다. 이러한 유형은 인식에서 결론 도출로 이루어지는 일련의 사고과정을 구분한 것이다.

첫 번째로 주어진 시간적 공간적 상황을 파악하고 개인의 지식과 경험적 노하우에 기반을 둔 정보인식 단계를 '1단계'라고 한다.

이 단계에서 필요한 컨설턴트의 능력은 분석력과 직관력이 필요하다. 두 번째로 인식된 정보를 통해 결론을 도출하고 새로운 정보를 생성하는 창조의 단계로 '2단계'가 있다. 2단계에서는 논리적 사고와 창조적 사고가 필요하다.

1단계에서는 주어진 사항을 파악하고 2단계에서는 파악된 정보를 토대로 새로운 정보를 만들거나 결론을 도출한다.

- 1단계 : 상황파악, 기존정보 인식 단계(Preception)
  분석적 사고(Analytical Thinking), 직관적 사고(Intuitive Thinking)
- 2단계 : 결론도출, 새로운 정보생성 단계(Generation & Conclusion)
  논리적 사고(Logical Thinking), 창조적 사고(Creative Thinking)

사고의 능력은 분석적 사고와 직관적 사고, 논리적 사고와 창조적 사고로 구분된다. 이러한 사고의 능력은 창의적 문제 해결을 위한 다양한 기법을 활용하기 위해 필요하며 사고의 특징에 대해 정확한 인지가 필요하다.

컨설턴트는 이러한 4가지의 사고들이 적절히 융합되어야만 효과적인 컨설팅이 가능하다. 따라서 어느 한쪽으로 과도하게 편중되거나 집중되는 것을 경계할 필요가 있다.

그 예로 컨설팅을 수행함에 있어 가장 먼저 발달되어야 하는 사고는 직관적 사고이다. 직관적 사고는 오랜 경험에서 체계화된 것으로 객관성이 다소 결여될 수 있다는 단점은 있으나 직관적 사고를 바탕으로 분석적 사고를 결합하면 객관성을 확보하고 과학성을 담보해 낼 수 있다. 따라서 아무리 뛰어난 분석적 사고를 가졌다고 하더라도 직관적 사고가 결여되어 있다면 정보 인식과 상황분석에 한계를 가질 수밖에 없다.

1. 분석적 사고와 직관적 사고

사물 또는 문제의 현상을 인식하는 방법에는 분석적 사고(Analytical Thinking)와 직관적 사고(Intuitive Thinking) 두 가지가 있다. 분석적 사고는 구체적인 정보에 의존하며 직관적 사고는 느낌에 의존하는 사고라 할 수 있다. 분석적 사고를 가진 사람은 꼼꼼하고 치밀하여 중요한 정보를 빠뜨리지 않고 예리하게 파악하는 사람으로 분석력이 뛰어나며 직관적 사고를 가진 사람은 일부 정보로부터 전체사항을 잘 파악하는 사람이다.

관점	분석적 사고	직관적 사고
정보수집	구체적 정보를 세심하고 꼼꼼하게 분석한다.	직관으로 마음에 와 닿는 개념(concept)이나 느낌(feeling)을 중시한다.
정보취향	수치와 문자로 정보를 표시한다. 숲에 있는 나무를 본다.	전체 이미지를 간단한 모델로 표현한다. 숲의 전체를 본다.
행동유형	예리한 관찰력으로 미세한 문제를 발견해 낸다.	전체를 보고 시스템을 파악하고 무엇을 먼저 해야 하는지 알고 있다.
원인분석	숨어 있는 미세한 원인을 찾아낸다.	눈에 보이는 일부를 증거로 인과관계 경로를 설정한다.
해결방안	세부 구성요소를 세밀하게 쪼개어 검토한다.	전체 개념도, 구상도, 이미지를 알기 쉽게 설명한다.
평가방법	세부평가 항목을 만들고 조목 조목 체크하여 총점 관리를 한다.	결과를 먼저 설정해 낸다. 총점을 결정한 후 항목별로 배분한다.
취약점	정보처리 시간과 비용이 크며 수집 정보의 신뢰성 취약하고 지엽적 편중으로 전체 균형 상실할 수 있다.	고정관념의 직관에 편향하게 되고 객관성이 낮다. 사실 정보에 근거하지 않아 명확성 결여된다.

분석적 사고와 직관적 사고를 비교함에 있어 어떤것이 상대적으로 중요하다고 말할 수 없다. 현실 문제에 있어 분석적 접근만으로 완전히 이해할 수 없는 경우가 있기 때문이다. 이는 눈에 보이지 않는 인간적인 요소, 조직적인 요소, 정치적 변수 등이 개입되기 때문이다.

[참고] 직관(intuition)과 본능(instinct)과의 차이는 본능은 선천적으로 타고난 것이며, 직관은 경험이나 교육에 의해 후천적으로 체득되는 것이다. 본능은 가슴에서 나오고 직관은 머리에서 나오는 것이라 한다.

2. 논리적 사고와 창의적 사고

현상에 대한 결론을 도출하는 방법에는 두 가지가 있다. 바로 논리적 사고와 창의적 사고다. 귀납 또는 연역적 추론에 의해 주어진 사실로부터 새로운 정보를 점진적(evolutionary)으로 만들어 가는 논리적 사고(logical thinking)와 남다른 상상으로 새로운 아이디어나 정보를 파격적으로(revolutionary) 생성하는 창의적 사고(creative thinking)가 있다. 문제 해결에는 논리적 사고가 매우 중요하다. 논리적 사고는 점진적인 변화와 발전의 형태로 존재한다. 하지만 창의적 사고는 시대의 혁명적 사건을 만들어 낸다.

관점	논리적 사고	창의적 사고
추론방식	결론을 유추해 내는 단계 연역(deduction), 귀납(induction)	상상에 의한 창의적 아이디어
반복성	순서대로 진행되며 반복이 가능함	반복할 수 없으며, 모방과 표절로 가치가 하락할 가능성 있음
흐름	흐름의 예측이 가능 전개가 안정적, chin or tree구조 low risk – low return	흐름의 예측이 불가 구조 자체가 없거나 network구조 high risk – high return
반대개념	비논리적, 비과학적	고정관념, 매너리즘 * 창의적 사고의 반대는 논리적 사고가 아님
문제발견 행동	필연성과 개연성에 근거 과거와 현재의 흐름으로 미래예측	우연을 중시 과거와 현재의 흐름에 집착하지 않음
원인분석	문제와 원인 사이의 인과관계 검증	상식과 논리의 범위를 벗어나 새로운 원인을 도출
해결을 위한 행동	원인을 근본적으로 치유할 수 있는 현실타당성이 높은 해결방안을 도출	발상의 전환으로 현실을 초월하여 상상을 활용하여 새로운 아이디어 도출

관점	논리적 사고	창의적 사고
최적안 선택을 위한 행동	남들이 어떻게 생각할까? 평가로 가치를 판단 합리성과 객관성 중시	누가 뭐라고 해도 이것이다. 실천으로 가치를 판단 독창성, 차별성, 참신성, 사적 가치판단을 중시

스티븐잡스(Steve Jobs)는 직관에 의한 창의적 사고의 대명사다. 그는 '과학과 예술을 행복하게 결합한 인물'이라 표현된다. 그의 직관에 의한 창의적 사고의 예로 회사 경영 시 이야기 했던 말이다. "소비자 조사 같은 것은 필요도 없다. 내가 원하는 데로 만들면 그것이 소비자가 원하는 것이다."라고 말하며 '매킨토시, 아이팟, 이이폰, 아이패드, 클라우드' 등 혁신적 제품을 만들었다.

세계가 창의적 사고에 주력하는 이유는 무엇일까? 스티브잡스의 창의적 사고 '인문학과 IT의 결합'에의 의미를 찾아본다.

잡스는 일반인들이 가지고 있지 않는 특별한 사고를 가지고 있었다. 잡스는 대다수의 CEO와는 달리 인문학적 사고를 바탕으로 IT기술을 접목, 혁신적인 제품을 지속적으로 만들어 낸 불세출의 CEO로 평가받고 있다. 잡스는 철학과 인문학을 대학에서 도강했다. 그 속에서 그는 타이포그래피 서체에 대한 관심을 가졌다고 한다. 글자들의 자간, 행간, 여백의 다양함이 타이포그래피를 어떻게 위대하게 만드는지 연구했다. 잡스는 타이포그래피가 과학적으로 설명하기 힘든 예술적 아름다움을 가지고 있다고 회상했다. 이때 배운 타이포그래피 지식은 훗날 애플 창조의 핵심 에너지로 작용했고 그의 첫 번째 매킨토시를 구상할 때 타이포그래피 지식을 활용한 활용해 자동자간조절(Kerning) 기능과 쿽(Quark Xpress) 기능을 집어넣을 수 있었다.

인문학과 IT기술의 융합을 연구하는 인텔(세계 컴퓨터 CPU 시장의 절대강자)의 상호작용 및 경험(interaction & experience research) 연구소장 제네비브 벨 박사는 "기업의 세계는 점점 복잡해지고 시장은 다양한 모습으로 변화고 있어 성공을 위해서는 다양한 기술과 시각이 필요하게 됐다. 이런 면에서 잡스가 인문학을 강조한 것은 옳은 일로 판명 났다."고 말했다. 미래의 컴퓨터, 인터넷 모바일 기술의 발전방향 및 인간과의 소통방식을 연구하는 상호작용 및 경험연구소는 2020년까지 컴퓨터와 경험방식을 재창조하자는 목표를 실현하기 위해 사회적 통찰, 경험디자인, 이머징기술, 미래전망 등을 연구하고 있다. 또 벨박사는 문화인류학 전공자이다. 연구팀에는 엔지니어, 소프트웨어전문가, 하드웨어전문가, 디자이너, 인류학자, 심리학자, SF 소설작가까지 다양한 인문학 분야의 인력이 소속되어 있다.

야후도 심리학, 문화인류학 등 인문학자들이 주축인 팀을 구성해 네티즌이 어떤 광고에 반응하고 클릭하는지를 연구하고 있다. IBM도 미래전망을 위해 자연과학자, 공학자 외에도 인문학자들이 포함된 전담부서를 운영하고 있다. 페이스북의 마크저크버그는 하버드 대학에서 컴퓨터공학을 공부했지만 동시에 심리학을 복수전공 했다. 그는 그리스 로마신화를 탐독하고 고대역사와 문학 등 인문학 분야에 조예가 깊었다. 저크버그는 "우리는 기술회사인가?"라는 질문을 통해 기술만으로 설명할 수 없는 인문학적 상상의 세계가 페이스북의 지향점임을 강조한다. 또 직원을 채용할 때 "당신은 어떻게 세상을 바꿀 수 있는가?"라는 질문을 통해 직원들의 인문학적 상상력을 평가한다.

이러한 기업 모두가 미래의 IT 세상의 모습을 그리기 위해 인문학 전문가를 적극 활용하고 있는 셈이다. 벨박사는 "인문학은 새로운 생각의 촉매제로 작용해서 사회의 발전에 엄청난 기회를 제공할 수 있다는 점 때문에 첨단기술로 무장한 IT 기업들이 인문학을 접목하는 시도가 증가하고 있다"고 말한다.

3. 창의력

사람들은 논리적인 사고능력을 체계적인 교육과 지속적인 훈련으로 발달할 수 있다고 생각하고 창의적 사고는 천성적으로 타고난 것이라 믿는다. 아마도 이런 사람들은 창의력이 빈곤하고 그 원인을 자신의 노력부족이 아니라 다른 무엇으로 돌리고 싶어 하는 심정이 담겨있는지 모른다. 창의적 사고의 능력은 논리적 사고의 능력처럼 끊임없는 노력과 연습에 의하여 향상될 수 있다. 바로 위대한 아이디어는 갑자기 생기는 것이 아니라 수많은 실패와 지속적인 노력으로 만들어 지는 것이다.

창조적 사고가 후천적 노력에 의해 이루어진다는 사례로 차이코프스키의 음악적 영감을 묻는 질문에 "나는 매일아침 8시에 스튜디오 문을 엽니다. 그때 그것이 따라 들어옵니다."라고 말한다. 토마스 에디슨은 "나는 실패한 적이 없다. 다만 성공하지 못하는 1만 가지 방법을 발견했을 뿐이다. 발명은 1%의 영감과 99%의 노력으로 탄생한다."고 말한다. 헤밍웨이에게 위대한 창작의 방법에 대해 물었더니 "무슨 일이 있어도 매일 정해진 시간에 책상 앞에 앉는 것입니다."라고 말했으며, 괴테는 "노력에 의해 극복할 수 없는 것은 세월뿐이다."라고 말했다.

4. 창의력 향상방법

창의력을 향상시키는 방법으로 성공한 CEO의 특징을 분석한 논문에 따르면 현상에 대해 끊임없이 질문(Questioning)하고 관찰(Observing)하고 실험(Experimenting)하고 교류(Networking)하고 협력(Associating)하는 것을 행동으로 실천할 때 창의력이 향상된다고 한다.

창의력에 근거한 8가지 행동유형을 분석해 보면 일정한 유형의 절차를 알아볼 수 있다. 즉, 이슈에 대해 질문하고 관찰하고 실험하여 선택하게 되고 즉시 실천하며 실천 후 빠른 시간 이내에 문제를 분석하고 대안을 수립하여 현상에 적용, 집중화 한다는 것이다.

The Innovator's DNA, Mastering the Five Skills of Disruptive Innovators (by Jeffrey H. Dyer, Hal B. Gregersen, Clayton M. Christensen 304 pages. Publication date : Jul 19, 2011. Prod. # : 14946-HBK-ENG)

하버드 비즈니스 리뷰기재, 맥킨지에서 2nd 우수 논문상 수여받은 내용은 창의력 향상과 관련하여 가져야 하는 기술을 잘 정리해 준다. 이 논문의 애플의 Steve Jobs, Amazon의 Jeff Bezos, eBay의 Pierre Omidyar등 25명의 혁신적 CEO와 3,000명 이상의 경영층을 대상으로 6년간 조사한 행동유형 분석을 통해 5가지 특징을 요약했다. 중요한 것은 이러한 5가지 스킬은 타고난 것이 아니라 누구라도 따라할 수 있으며, 지속적인 노력으로 향상시킬 수 있다는 것이다.

5개 능력	구체적 내용
Questioning (질문)	• 현상에 대해 끊임없는 의문을 제시한다. • 왜 할 수 없어? 어떻게 하면 할 수 있을까? • 3가지 유형 의문을 반복한다. – Why?, Why not?, What if? (이런 조치를 하면 어떤 결과가 나올까?) • 생각의 시간을 가지고 의문과 답을 기록한다.
Observing (관찰)	• 제 3자적 관점에서 면밀히 현상을 관찰한다. – 회사 문 앞에서 회사를 보고, 먼 거리에서 자신의 자리를 본다. • 관찰방법을 다양화 한다. – 현장을 직접 확인(보고 듣고 느낀다) – 현상(status quo)을 객관적 시각에서 본다. – 관찰 하기전과 기대 목표와의 차이를 비교한다.

5개 능력	구체적 내용
Experimenting (실험)	• 양산(MP)이전에 Proto type과 Pilot type으로 아이디어를 실험한다. Knowing을 Doing한다. – 신제품을 만들어 상품화 시킬 때 꼭 필요한 절차이다. – 서비스 마케팅을 수행할 때 이벤트 전략에도 적용된다. • 사전 실험을 통해 노하우를 획득하고 실패 risk를 줄인다. – 창업 컨설팅을 하기 위해서는 직접적 경험이 필요하다. – 진취적이고 개방적, 실패를 두려워하지 않는 조직문화를 고취한다.
Networking (교류)	• 다양한 분야의 여러 사람들과 교류하고 아이디어를 모색한다. • 네트워크의 유형 – 다양한 컨퍼런스에 참석하여 세계 각국의 예술가, 교수, 정치인, 탐험가, 과학자, 창업자등과 교류를 통해 아이디어를 접한다. – 다른 업종, 다른 분야, 다른 나라의 라이프스타일과 아이디어를 경험한다. – 5명의 인물을 선택하여 대화하거나 멘토(mentor)로 삼는다.
Associating (결합)	• 관련이 없어 보이는 것을 연결, 조립하여 새롭게 재구성하여 아이디어를 만든다. – Creativity is connected things. • 다양한 분야의 지식과 경험을 통해 결합능력을 향상시킨다.

이러한 5가지 능력은 문제해결 단계에서 이슈에 대한 8가지 행동유형분석과 유사하다. 8가지 행동유형분석은 '질문 → 관찰 → 실험 → 선택 → 실천 → 문제분석 → 대안수립 → 집중화'이다.

Some people are just natural innovators, right? With no apparent effort, they discover ideas for new products, services, and entire businesses. It may look like innovators are born, not made. But according to Jeffrey Dyer and Hal Gregersen, and Clay Christensen anyone can become more innovative. How? Master the discovery skills that distinguish innovative entrepreneurs and executives from ordinary managers. In "The Innovator's DNA", the authors identify five capabilities demonstrated by the best innovators : (1) **Associating** : drawing connections between questions, problems, or ideas from unrelated fields,(2) **Questioning** : posing queries that challenge common wisdom,(3) **Observing** : scrutinizing the behavior of customers, suppliers, and competitors to identify new ways of doing things,(4) **Experimenting** : constructing interactive experiences and provoking unorthodox responses to see what insights emerge, and(5) **Networking** : meeting people with different ideas and perspectives. The authors explain how to generate ideas with these skills, collaborate with "delivery-driven" colleagues to implement ideas, and build innovation skills throughout your organization to sharpen its competitive edge. They also provide a self-assessment for rating your own innovator's DNA. Practical and provocative, this book is an essential resource for all teams seeking to strengthen their innovative prowess.

순위	기업	5년 평균매출 성장률(%)	5년 평균 순익 성장률(%)
1	세일즈포스닷컴	39.5	78.7
2	아마존닷컴	32.0	37.6
3	인튜이티브 서지컬	43.4	36.4
4	텐센트	69.0	75.4
5	애플	35.1	60.7
6	힌두스탄 유니레버	10.0	4.0
7	구글	35.0	37.1

순위	기업	5년 평균매출 성장률(%)	5년 평균 순익 성장률(%)
8	나투라 코스메티코스	17.0	13.1
9	바라트중전기	27.2	25.0
10	몬산토	13.4	44.7

* 세계 10대 혁신기업, 미국의 경제 격주간지 포브스가 선정한 '세계에서 가장 혁신적인 100대 기업' 리스트 중에 세계 10대 혁신기업, 2011.07

5. 논리력과 창의력의 상호작용

사람은 누구나 논리력과 창의력의 사고의 능력을 다 가지고 있다. 하지만 사람마다 이 두 가지 능력이 똑같이 표출되는 것은 아니다. 그래서 사람을 평가할 때 누구누구는 논리력이 뛰어난 사람 또는 창의력이 뛰어난 사람이라 말하게 된다.

인체의 구조를 보면 논리적 사고는 왼쪽 뇌의 기능이며, 창의적 사고는 오른쪽 뇌의 활동으로 알려져 있다. 하지만 모든 사물과 인체에서 조화와 균형이 있듯이 논리적 사고든 창의적 사고도 어느 한쪽만으로만 발달되는 지적능력은 바람직하지 않다.

우리가 인지하든 못하든 두 가지 사고의 능력들은 동시에 발현되고 있다. 따라서 종합적 사고 능력을 개발하기 위해서는 논리력과 창의력이 조화와 균형을 이루어야 한다. 논리력을 키우기 위해서는 창의력이 있어야 하고, 탁월한 창의력을 키우기 위해서는 탄탄한 논리력이 뒷받침 되어야 한다. 그렇지 못하다면 상대적 취약성으로 인해 답답한 논리와 허황된 아이디어만 나타날 뿐이다.

종합적 사고능력을 시스템 이론으로 설명하자면 논리력 A와 창의력 B가 상호작용(interaction) 함으로써 'A+B'라는 단순한 합보다 큰 시너지 효과를 창출할 수 있다(A+B+A×B) 이 세상의 모든 혁신적 아이디어는 창의와 논리의 융합에서 탄생하는 것이다.

논리력과 창의력이라는 사고능력이 조화와 균형을 이룬다는 것은 두 가지 능력이 문제 해결과정에서 서로 경쟁하는 것이다. 라이벌은 발전의 계기가 되고 동력으로 작용한다. 헤겔(Hegel)은 '정(正)과 반(反)이 서로 경쟁하다 합(合)으로 진화한다'고 했다. 동양에서는 '음과 양의 대립 존재에 의해 모든 물질이 존재하고 변화 발전해 나간다.'는 철학에서도 대립과 경쟁구도가 새롭고 발전된 결과를 도출한다는 것을 보여준다.

서로 대립하는 존재나 개념이 상호 경쟁하면서 동반상승하게 된다. 어느 쪽도 다른 한쪽이 존재하지 않으면 그 의미와 가치가 사라진다. 비슷한 사람, 조직들의 의견을 듣고 계획을 세우는 것 보다 서로 다른 사고방식을 가진 사람들의 충돌과 조정에 의한 의사결정이 훨씬 나은 결과를 나타내는 이유가 된다.

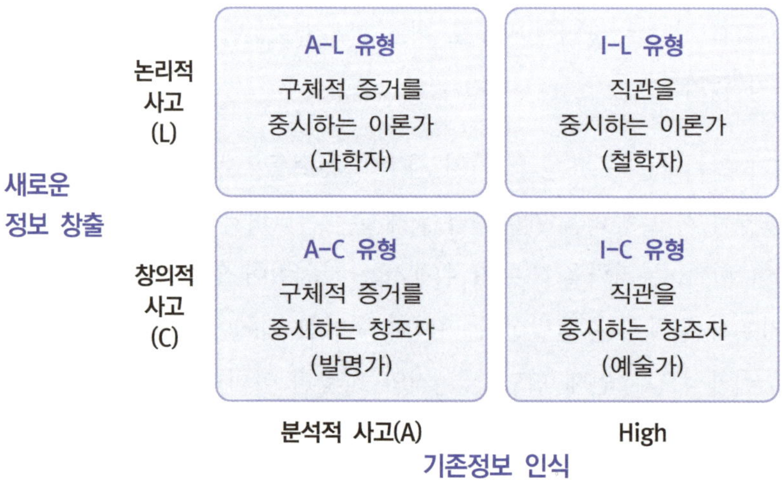

2 전략적 사고를 위한 기법

문제 해결을 위한 효율적인 사고를 위해 필요한 기법들이 있다. 이것을 사고의 기법이라고 한다. 사고기법이란? 문제해결을 위한 의사결정을 하기 위해 필요한 것으로 사고의 방향, 사고의 범위, 사고의 절차 등을 구조화함으로 시간을 단축하여 사고의 능력(분석적 사고, 직관적 사고, 논리적 사고, 창의적 사고)을 최대한 끌어내기 위한 방법이다. 사고기법들에 대한 연구는 경영학의 의사결정, 조직행동, 마케팅, 심리학 등 다양한 분야에서 수많은 사고기법들이 발표되고 있다. 아래의 6가지는 전략적 사고를 위한 대표적인 사고기법이다.

① 제로 베이스적 사고(Zero Based Thinking)

② 사실 베이스적 사고(Fact Based Thinking)

③ 가설지향적사고(Hypothesis Based Thinking)

④ 미시적 사고(MECE, Mutually Exclusive, Collectively Exhaustive)

⑤ 전략적 사고(Strategic Thinking)

⑥ 비쥬얼적 사고(Visual Thinking)

Zero Based Thinking (제로베이스적)	• 문제가 되는 사항을 백지상태에서 출발하여 생각한다. • 과거의 경험이나 자료 데이터 등에 근거하지 않는다. • 객관적인 입장을 위해 기존에 인지된 정보를 무시한다.
Fact Based Thinking (사실베이스적)	• 명확한 사실과 증거에 기반해서 생각한다. • 추측과 선입견은 철저하게 배재 시킨다. • 정량화된 자료와 Data에 근거하여 문제를 분석한다.
Hypothesis Based Thinking (가설지향적적)	• 현상 및 문제에 대한 가설을 설정한다. • 경험, 직관에 의해 개연성이 높은 가설을 설정하여 시간과 비용을 절약할 수 있다. • 막연한 문제를 가시화하여 해결의 실마리를 찾는다.

MECE(미시적) Mutually Exclusive, Collectively Exhaustive	• 복잡한 문제를 다양한 방법으로 이해하고 종합하여 정리해 낼 수 있으며 체계화 시킬 수 있다. • 큰 문제를 논리적으로 여러 개로 분할하여 문제해결의 가능성을 높인다.
Strategic Thinking (전략적)	• 단기적 사고에서 탈피, 중장기적 사고를 가능케 하여 크고 멀리보고 중요한 것에 집중한다. • 시스템적으로 사고하여 대의적 업무 추진이 가능하다. • 일시적이고 지엽적인 사고를 탈피한다.
Visual Thinking (비쥬얼적)	• 복잡한 문제를 한눈에 볼 수 있도록 하는 것으로 보고 자료에 활용될 수 있다. • 생각의 흐름을 시각화 하여 입체적, 다차원적, 창의적 사고 등을 할 수 있게 한다.

1. Zero Based Thinking(제로 베이스적 사고)

제로 중시적 사고는 기존에 가지고 있는 편견이나 선입관을 배제하고 문제해결에 접근하는 것이다. 이것은 기존에 성공한 경험이 있는 사람의 경우 기존 사고에 집착하는 경우가 많기 때문이다. 모든 것을 백지 상태에 두고 처음부터 다시 생각함으로써 문제해결에 필요한 새로운 시각을 도입하고 참신한 아이디어를 도출할 수 있기 때문이다. 과거부터 현재까지 축적된 자료나 산출물들을 인정하지 않는다는 점에서 새로운 발상을 장려하는 창의적 사고와 유사하다.

제로 중심적 사고는 원인분석에 대한 객관적인 접근이 용이한 장점을 가지고 있으며 점진적 개선이 아니라 파격적 혁신이나 새로운 아이디어가 필요한 상황에 적합하다.

제로 중심적 사고가 필요한 경우는 다음과 같다.

① 조직이 매너리즘에 빠져서 새로운 아이디어가 나오지 않을 경우

② 예상치 않은 성과를 거두었거나 예상하지 못한 큰 실패를 했을 경우
③ 새로운 시장에 진출하거나 환경이 급격하게 변하고 있는 경우
④ 이해관계자의 간섭이 많은 경우
⑤ 경쟁자가 강력하게 추적해 오는 경우
⑥ 고객입장에서 고객가치를 창출하는 경우
⑦ 수년간 적자를 거듭하는 고질적인 문제를 안고 있는 기업의 경우
⑧ 대안을 만들어야 하는 경우(Second Thought, Plan-B)
⑨ 사귀던 사람과 이별한 경우(Sunk Cost에 대한 미련을 버려야 하는 경우)

제로 중심적 사고의 긍정적 시각은 다음과 같다. 과거에 성공했던 제품, 프로세스, 조직이 파멸의 원인이 되는 경우가 많다. 토인비는 '과거의 성공법칙과 경험에 집착함으로 미래의 실패를 야기'한다고 말하고 있다. 엘빈 토플러(Toffler)는 미래에 살아남기 위해서는 과거의 성공을 가장 위험한 요소로 받아들여야 한다고 말한다.

비판적 시각은 다음과 같다. 성공에 의해 축적된 지식과 노하우를 제로 상태로 설정하는 것은 실제 불가능하다. 기존 기업의 실패사례와 성공사례에 대한 벤치마킹으로 문제해결 방안을 효율적으로 구사할 수 있다. 또한, 제로 중심적에서 출발할 경우 시간과 비용적 부담이 발생할 수 있다.

2. Fact Based Thinking(사실 베이스적 사고)

사실 중심적 사고는 어설픈 추측이나 짐작보다 현장에서 발생하는 사실(Fact)을 중시한다. 정보의 수집, 축적, 분석을 중시하는 분석적 사고로 현실을 직시하면서 고정관념과 매너리즘에서 탈피하고자하는 시도는 일치하나 기존에

축적되어 있는 사실적 자료에 가치를 중요시한다는 점에서 제로 중심적 사고와 차이가 있다.

사실 중심적 사고는 사실경영(Fact Management), 증거기반경영(Evidence Based Management), 현장중심경영 등의 경영이론으로 표현되고 있다. 사실 중심적 사고는 파격적인 개혁보다는 점진적 개선을 추구한다. 사실 중심적 사고는 인기 있는 기법은 아니지만 가장 안정적이고 신뢰할 수 있는 문제해결을 위한 접근 방식으로 인식되고 있다.

• 사실 중심적 사고가 유용한 경우,

① 기업이 근거 없는 낙관론에 휩싸여 정신적 회의가 만연하여 나태해진 경우

② 상호 불신이 팽배해서 양자 간 협상의 중재가 필요한 경우

③ 현장을 외면하는 문서주의, 관료주의, 탁상행정에 대한 개혁이 필요한 경우

④ 근거 없는 상호 비방성 악성루머가 난무하는 경우

⑤ 특정 개념이나 인물에 대한 감성적, 심리적 애착이 과도한 경우

⑥ 사내 커뮤니케이션이나 정보공유가 제대로 이루어지지 않는 경우

사실 중심적 사고의 긍정적 시각은 다음과 같다. 상식이나 통념에 존재하는 편견, 선입견과 오류를 배재해야만 문제의 근본적인 원인을 찾을 수 있으며 변화가 가능하다. 현대자동차의 정주영 회장의 경우 '실제로 해봤어'라고 말하며 사실 중심의 실천을 강조했다. 윈스턴 처칠은 '나는 갈채 받는 꿈같은 것은 필요하지 않다. 사실이 꿈보다 더 좋다. 곧 쓰러질 부질없는 희망을 제시하는 것보다 더 나쁜 실수는 없다'. 짐 콜린스는 '냉혹한 현실을 직시하라, 낙관주의자는 결국 살아남지 못한다. 헛된 희망을 제시하지 말라', 피터 드러커는 '측정되지 않는 것은 관리될 수 없다' 등의 말은 사실 중심적 사고의 중요성을 강조한 말들이다.

비판적 시각은 다음과 같다. 문제 해결에 필요한 정보가 충분히 존재하지 않는 경우가 많다. 미래에 대한 정보는 언제나 불확실하며 불충분하다. 복잡한 현실세계는 눈에 보이는 것보다 보이지 않는 것에 대한 통찰력이 필요하다.

비판적 시각의 예로 모리타 아키오(소니회장)은 '위대한 의사결정은 시장조사가 아닌 경영자의 직관에서 결정된다'라고 이야기하며 기업의 의사결정에 있어서는 사실 중심적 사고보다는 직관적 결정이 더 효율적이라고 주장하기도 한다.

3. Hypothesis Based Thinking(가설 지향적 사고)

가설 지향적 사고는 경험과 직관을 중시한다는 점에서 제로 중심적 사고와 사실 중심적 사고와 상반된다. 문제접근 방법에서 개연성이 높은 가설을 설정함으로써 문제 해결을 시도한다. 아무 생각 없이 들여다보거나 무작정 정보를 수집하는 것이 아니라, 현실타당성이 높은 가설을 미리 추론한다. 그리고 그 가설의 검증에 노력을 집중함으로써 분석의 초점을 맞추고, 정보수집 비용과 시간을 절약하며, 문제 해결의 성공 가능성도 높일 수 있다.

가설 지향적 사고는 시급한 문제를 신속하게 해결하고자 하는 시도로 문제해결을 위한 일종의 선택과 집중전략으로 이해할 수 있다. 핵심성공요인(CSF, Critical Sucess Factor)을 파악하는 기법은 가설 지향적 사고에 근거하고 있다.

• 가설 지향적 사고가 유용한 경우,

① 문제 해결을 위한 시간적 제약으로 바른 해결방안을 수립해야 하는 경우

② 일반적으로 나타나는 정형적인 문제의 원인 분석이 필요한 경우

③ 난해한 문제에 대해 진흙밭헤쳐나가기(muddling through) 전략을 채택할 경우

④ 여러 사안 및 그룹들이 감정적으로 대립하고 있는 경우

⑤ 실험, 시행착오, 실패가 비교적 자유스럽게 허용되는 경우

긍정적 시각은 다음과 같다. 현상에 대해 문제와 원인, 해결방안을 이미 고객이 알고 있는 경우가 대부분이다. 다만 지식으로 체계화되지 않았을 뿐이다. 해당분야의 풍부한 경험과 전문지식을 이용하고 최상의 사례(Best Practice)를 참조함으로써 가설의 타당성을 높일 수 있다. 초기 시점에서 중요한 가설을 설정함으로 고객에 대한 설득력 향상과 공감대를 형성하여 신뢰를 가지게 할 수 있다. 컨설턴트의 객관적 시각과 유연한 사고방식에 의하여 개연성 높은 가설을 만들 수 있다. 중요한 것에 집중함으로 문제해결의 비용과 시간을 절약할 수 있다.

비판적 시각은 다음과 같다. 가설을 경험과 지식에 근거함으로 창의적 아이디어가 부족하여 산출물이 만들어질 수 있다. 숨어있는 중요한 문제를 놓이거나 원인을 찾지 못하는 경우가 발생한다. 초기 가설의 입증이 실패하면 신뢰성이 급격히 떨어진다. 현장의 다양한 목소리를 수렴하지 못할 수 있다. 과거의 경험에서 벗어나지 못한 채 가장 좋은 해결방안(Best Solution) 보다 더 좋은 해별방안(Better Solution)으로 귀결되기 쉽다.

4. MECE (미시적 사고, Mutually Exclusive, Collectively Exhaustive)

미시적 사고(MECE)는 현상 문제를 분류하는 원칙에서부터 시작한다. 미시적 사고의 원칙을 준수하는 것은 과학적, 논리적 분석으로 인정되기 위하여 갖춰야하는 필수 조건에 해당된다. 즉, ME(Mutually Exclusive)로 분류된 것이 상호 중복되어 있지 않는지, CE(Collectively Exhaustive)로 전체적으로 누락이 없는지를 확인하는 사고이다.

중복되지 않아야 한다(ME, Mutually Exclusive)는 것은 하나의 대상이 오직 하나의 분류의 영역에만 속해야 한다는 것이고 전체적으로 누락이 없어야 한다(CE, Collectively Exhaustive)는 모든 대상마다 반드시 하나의 분류 영역에 속해야 한다는 것이다.

미시적 사고의 문제 해결의 원리는 다음과 같다. 복잡한 문제들을 문제분할(Divide and Conquer : Problem Decomposition)에 의해 작은 규모의 문제들로 나누어 해결한다. 문제를 분할하는 방법은 일반적으로 Top-down with Stepwise Refinement 방식을 선호한다. 미시적 사고기법은 문제 분할 과정뿐 아니라 최종단계에서 나누어진 작은 문제들에 대한 원인 분석이나 해결대안 모색 과정에도 적용된다.

MECE 원칙을 점검하는 체크포인트는 다음과 같다.

구분	ME(Mutually Exclusive)	CE(Collectively Exhaustive)
문제분할	분할된 문제는 서로 중복되지 않는가?	중요한 부분이 누락되지 않았는가?
원인분석	문제 원인은 서로 중복되지 않는가?	모든 원인은 다 찾았는가?
해결대안	해결 대안은 서로 중복되지 않는가?	모든 대안은 모색했고, 누락된 것은 없는가?

(1) 문제 분할을 하기 위한 로직트리(Logic Tree)

문제분할 과정을 지원하고 미시(MECE) 원칙을 적용하기 위해 사용하는 도구가 로직트리이다. 로직트리는 문제발견 원인분석, 해결대안 모색과정에서 사용할 수 있으며, 분석 결과를 체계적으로 구조화하고 이해하기 쉽게 표현할 수 있다는 장점이 있다. 하지만 로직트리 자체로는 하나의 다이어그램 지원도구에 지나지 않는다는 점을 유의할 필요가 있다. 그러므로 로직트리는 이해 용이성을 높이는 시각화(Visualization) 도구에 지나지 않는다.

적용 이익 감소에 대한 로직트리 분석

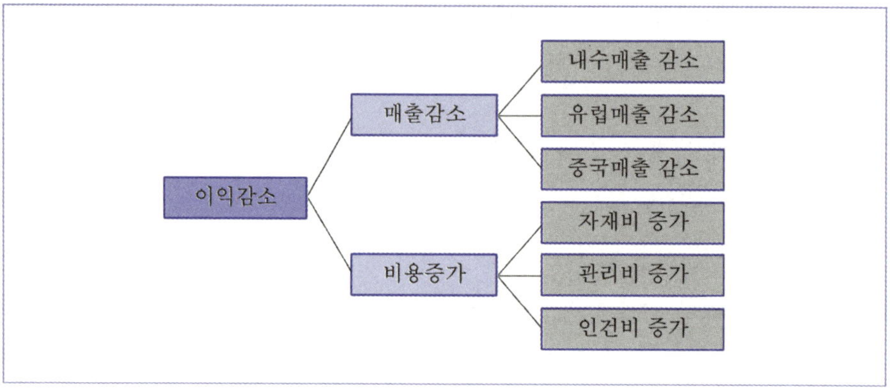

미시적 사고(MECE)의 분류의 예를 알아보면 적절하게 적용된 경우는 혈액형을 A, B, AB, O형으로 분류한다든지 시점을 과거, 현재, 미래 등으로 분류하는 경우, 마케팅의 4P를 Product, Price, Place, Promotion로 구분하거나 7P로 Physical facility, Personnel, Process Management 등으로 구분하는 것, 4C를 Customer, Cost, Convenience, Communication로 구분하는 것 등이 해당된다. 하지만 부적절한 경우는 우수고객과 일반고객으로 구분하는 경우, 고객을 대졸, 고졸, 중졸로 구분하는 경우, 결혼 상대를 기혼, 미혼으로 구분하는 경우는 부적절한 경우라 할 수 있다.

논리적 문제해결 및 과학적 분석으로 MECE의 문제해결에 필요한 절차는 다음과 같다. 첫째, 문제를 분할하라. 둘째, 중복과 누락이 방지되었는지 확인하라. 셋째, 탑다운(Top Down)으로 단계별로 세분화하라. 넷째, 로직트리를 작성하라.

(2) 미시적 사고(MECE)의 본질적 한계

MECE는 고전적 과학관에 기초를 두고 있어 전체를 여러 부분으로 나누고 나누어진 부분을 다시 합하면 전체를 형성한다는 고전적 과학관에 기초한다. 그러나 비즈니스 시스템에는 적용되지 않는다. 전체가 명확하게 나눠지지 않을 수 있고 나눠진 것들을 합해도 전체로 돌아가지 않을 수 있다. 또 지엽적인 최적의 방안들을 합치더라도 전체적인 최적화가 이루어지지 않는다. 즉, 옷 잘 입기로 상의, 하의 구두를 가각으로 나누고 최적의 선택을 하였더라도 전체 옷차림은 최적이 아닐 수 있다. 또, 최고의 축구선수들로 구성원을 구성했다고 최고의 팀이 되지 않는다.

실제 문제를 구성하는 여러 요소들은 끊임없이 상호작용하고 있으며, 문제의 구소는 트리 구조가 아니리 네트워크(nctwork) 구조를 형성하고 있다. MECE는 실제로 수많은 문제 해결에 적용되었으나, MECE의 논리적 접근이 어울리지 않는 사례도 상당수 있다. 복잡하고 역동적인 문제에 접근할 수 있는 방법으로 시스템적 사고(Systems Approach)이다. 시스템적 사고는 여러 가지 구성요소들이 분리되는 것이 아니라 구성요소간 상호작용에 의하여 전체 본질이 결정된다고 본다.

5. Strategic Thinking(전략적 사고)

전략적 사고의 원래 의미는 전술적(tactic), 운영적(operational) 개념과 대비함으로 찾을 수 있다. 사소한 것이나 작은 실적에 연연하지 않고 전체적 성공을 위하여 중요한 것에 우선적으로 집중하는 것을 전략적이라고 한다. 전략적 사고는 단기적 성과보다는 중장기적 성과를 중요하게 다룬다. 중요한 문제를 해결하면 주변의 작은 문제들은 자연스럽게 해결할 수 있어 중요한 문제 해결이 가장 합리적인 투자 우선순위로 관리된다. 전략적 사고는 중요한 것에 우선적으로 집중하는 원칙을 강조하고 있다. 그렇다면 중요한 것을 찾는 일이 전략적 사고의 핵심이다. 전략적 사고에 필요한 3가지 시각은 다음과 같다.

피터 드러커는 전략적 사고와 관련하여 'CEO의 가장 중요한 임무는 기업의 단기적 부(Wealth) 보다는 장기적 기업 건전(Health)를 강화하는 것이다.' 라고 말했다.

관 점	내 용	사 례
시간	• 미래를 바라보고, 일시적 성공이 아닌 장기적 성공을 중시한다. • 단기적 실적 달성에 급급하여 장기적 목표를 소홀히 하지 않는다.	• 일시적 성과 지양 • 미래경쟁력 기반구축 • 미래성장을 위한 과감한 투자
공간	• 시장을 넓게 본다. • 좁은 곳에 집착하거나 기존시장에 정착하지 않고 새로운 시장을 개척한다. • 시장은 역동적으로 움직인다는 것을 안다.	• 공간의 제약을 받지 않는다. • 글로벌 수준의 품질 및 서비스를 지속적으로 추구한다.
성공의 크기	• 작은 성공에 만족하지 않는다. • 전체 성공을 위하여 부분적 희생이나 손실을 감수할 수 있다.	• 방대한 비전을 실현한다. • 대를 위해 소를 희생한다.

전략적 사고는 기업을 살리기도 죽이기도 한다. 전략적 사고의 예를 알아보자.

노키아는 1865년 제지회사로 출발해 1992년 127년간 이어온 사업을 IC 분야로 변경했다. 전략적 사고의 성공 사례라 할 수 있다. 그리고 1998년부터 2011년까지 세계의 최대 핸드폰 강자로 인정받았다. 전체 시장 점유율 70%로 전 세계의 시장을 대부분 점유했다. 그러나 애플과 삼성의 출현으로 14년간 초

고속 성장을 이어온 노키아는 역사 속으로 사라졌다. 즉, 성공에 대한 자만으로 인한 전략적 사고의 부재가 이러한 결과를 야기했다. 세계 최고의 필란드 국가적 자부심으로 불리어 졌던 노키아는 마이크로소프트(MS)사에 매각되었다. 또한, 핸드폰의 강자로 불렸던 모토로라도 몰락했고 급기야 구글과 합병되어 시장에서 명맥을 유지하고 있다. 이러한 기업이 다시금 시장의 강자로 복귀할 것이라고 생각하는 사람은 없을 것이다. 단 한번의 전략적 사고의 부재는 기업의 흥망을 결정짖는 요인으로 작용된다는 것이다.

2009년 도요타는 한국에서 이익을 기대하지 않고 저가의 캠리를 공급했다. 파격적인 가격이 한국에서 큰 화제가 되었다. 이것은 일본 도요타의 한국시장 진출에는 전략적 사고가 깔려 있었기 때문이다. 즉, 세계 글로벌 톱5가운에 가장 의식되는 경쟁사가 현대차였기 때문이다. 도요타의 글로벌영업본부장은 한국진출과 관련하여 "많이 팔아 이익을 남기거나 한국 브랜드와 경쟁할 생각은 없고 서비스와 사회공헌을 더 중요하게 생각한다."며 한국시장 진출을 설명했다. 이는 한국의 현대차는 일본에서 철저히 실패한 반면 도요타는 한국에서 성공을 바탕으로 국제시장에서 현대차를 견제하겠다는 전략이었다. 자동차 업계에서 내수시장은 기초체력이다. 기술력이 떨어지는 중국의 신흥자동차 업체들이 광활한 내수시장 덕분에 국제무대에서 강자로 평가받는 이유다. 도요타는 미국 글로벌 시장에서 무섭게 치고 올라오는 현대차를 공략하기 위해 심장부인 한국시장 공략을 택한 것이다. 그들의 관심은 현대차가 80%의 점유율을 기록하고 있는 한국에서 파란을 일으켜 세계시장에서 더 큰 이익을 노리고 있었던 전략적 사고에 출발한 것이다.

6. Visual Thinking(비쥬얼적 사고)

비쥬얼적 사고는 눈에 보이지 않는 무형적이고 추상적인 생각의 흐름을 그림으로 표현함으로 이해하기 쉽거나 기억하기 편리하게 만드는 모델링 기법이다. 로직트리(Logic Tree)도 일종의 비쥬얼 도구라고 할 수 있다. 비쥬얼적 사고는 문제의 유형을 알아보기 위해 보기 쉽게 마인드맵(Mind Map)을 작성한다. 이것은 탑다운(Top down) 방식으로 단계별 구분에 의한 접근으로 시각화할 수 있다.

1단계는 주제를 시각화 한다. 대분류에 의한 항목을 선정하고 중분류(Branch)를 나눈다. 2단계는 중분류의 시각화를 통해 제3자가 알기 쉽게 표현한다. 3단계는 2단계의 중분류에 대해 소분류를 구분하여 시각화 한다.

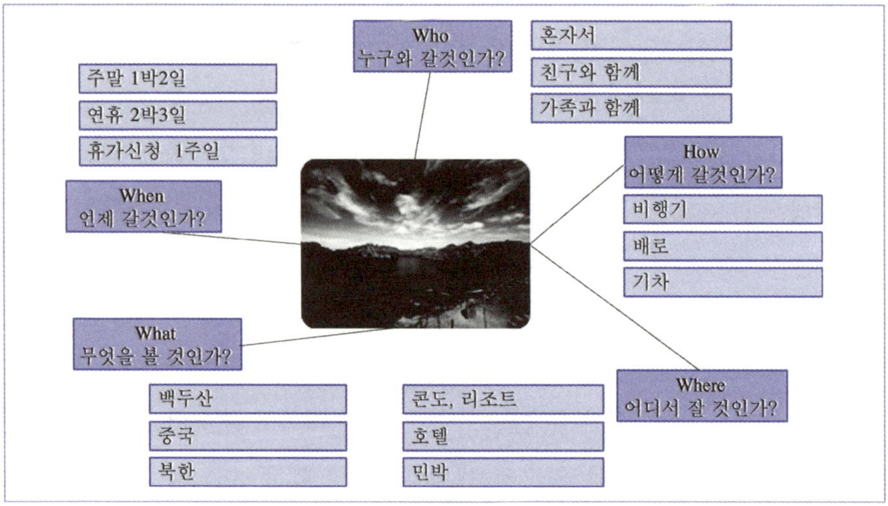

긍정적 시간은 다음과 같다. 그림을 통해 간결하고 이해를 용이하게 한다. 백마디 말보다 한 장의 그림으로 핵심을 효과적으로 압축해 낸다. 전체의 시스템 구조를 이해하고 구성요소간 상호작용을 종합적으로 파악할 수 있다. 기업에서 프레젠테이션으로 플로(Flow)를 표현하고자 할 때 많이 사용한다.

부정적 시각은 다음과 같다. 언어의 Syntax and Semantics 체계의 강력한 표현력(Expressive Power)을 그림으로 대처할 수 없다. 창발성으로 인하여 MECE의 원칙을 적용하기 어렵고 따라서 논리적 타당성을 상실할 우려가 있다. 어떤 현상을 개략적, 실험적으로 탐구하는 Exploratory 탐구에는 적합하나, 원리와 명제를 구체적으로 검증하는 Confirmatory 분석에는 미달된다.

3 시스템적 접근(Systems Approach)

현실 세계의 복잡하고 난해한 여러 문제를 분석할 수 있는 독특한 시각과 사고방식을 제공한다. 뷰티산업은 사람과 직접 만나 이루어지는 기술이 필요하고 영업을 하기 위해서는 면허가 필요한 직종이다. 따라서 제조업 중심으로 만들어진 다양한 서적에서 보여주는 이론적 사고와는 사뭇 다를 수 있다.

'시스템'이란 어떤 목적을 달성하기 위하여 상호작용을 하고 있는 여러 구성요소(Subsystem)들의 유기적인 복합체라고 한다. 즉, 이 세상에 존재하는 모든 사물이나 현상은 대부분 시스템으로 간주할 수 있다. 이러한 범용성은 시스템이론의 큰 장점이지만 한편으로 엄격한 학문적 원리(Academic Principle)로 인정받지 못하는 이유이기도 하다. 최근 대중적으로 인기를 받고 있는 융합적 사고도 시스템적 사고에서 출발한다.

시스템은 4가지 특성을 가지고 있다. 첫 번째로 시스템 구성요소들은 끊임없이 상호작용을 한다. 두 번째로 구성요소간 상호작용의 창발적 효과에 의해 시스템의 총체적 본질이 결정된다. 세 번째로 시스템은 하나 이상의 다차원적 기능을 수행한다. 네 번째로 시스템은 사람의 논리대로 움직이지 않는다.

구 분	특 징	해 설
시스템 구성요소들은 끊임없이 상호작용을 한다.	• 상호작용의 유형은 – 투입 → 산출관계 – 협조, 보완, 대체관계 – 견제, 갈등, 경쟁관계 • 상호작용의 질(Quality)에 의해 에너지가 증폭하거나 감소 • 구성 요소간 갈등으로 시스템이 붕괴될 수도 있음	• 고전 과학관과 달리 독립적이지 않다. • 구성 요소간 상호작용이 변화하면 시스템이 변화한다. • 문제는 대부분 외부요인보다 내부 구성 요소간 상호작용의 변화 때문에 발생한다.
구성 요소간 상호작용의 창발적 효과에 의해 시스템의 총체적 본질이 결정된다.	• 창발적 효과로 인해 단순한 합과 다르다. – 1 + 1 = 3 • 총체적 본질을 결정하는 것은 구성 요소간 상호작용으로 발생하는 창발적 효과다.	• 문제를 분할하고 문제를 차례로 해결하면 제체 문제를 해결할 수 있다는 고전적 과학관과 배치된다. • 창발적 효과는 지속적으로 재생산되고 역동적으로 변한다. • 분석적 사고나 논리적 시각으로는 총체적 본질을 이해할 수 없다. • 창발적 효과 – 시위대 – 고속도로 브레이크 효과 – 루머의 확산
시스템은 하나 이상의 다차원적 기능을 수행한다.	• 시스템은 특정 기능이나 목적을 가진다. • 시스템은 복수의 다차원적 기능을 수행한다. – 친구 = 협력자 + 경쟁자 – 자동차 = 교통수단 + 自공간 + 부의상징 • 서로 대립하는 기능은 상호 경쟁하면서 동반 상승할 수 있다. – 부부 사이의 사랑과 증오 – 보수와 진보의 대립	• 구성요소들이 독자적 목적으로 활동하면 전체 시스템의 효율성이 떨어져 시스템 자체가 붕괴될 수 있다. • 문제는 다차원적 관점에서 조명해야 한다. • 아주 조그마한 요소를 추가함으로 새로운 시스템을 만들 수 있다. – 애완견 – 부부간의 등산

<table>
<tr>
<td>시스템은 사람의 논리대로 움직이지 않는다.</td>
<td>• 시스템은 만든 계획대로 움직이지 않는다. 스스로의 생존 메커니즘에 의해 역동적으로 진화한다.
• 가끔 사람들은 계획대로 움직이지 않아 비논리적 현상이라 말하기도 한다.
– 원인과 결과의 바뀜 현상
– 예상치 않은 장소에서 결과발생
– 인과관계 방향이나 강도가 변함</td>
<td>• 합리적 예측이 틀릴 가능성이 있다.
• Expect the unexpected.
• 어제의 성공이 내일의 성공을 보장하지 않는다.
◇ 소프트웨어 시스템은 변화무쌍 하고 역동적으로 진화한다. 따라서 특정결과를 위하여 취한 행동이 정반대의 결과를 초래할 수 있다.</td>
</tr>
</table>

시스템적인 접근을 위해서는 첫 번째 문제가 발생한 상황을 하나의 시스템으로 정의하고 전체 시스템의 조화와 균형을 중시해야 한다. 두 번째로 문제 해결 절차를 하나의 시스템으로 정립해야 한다. 세 번째로 문제해결 방안을 하나의 시스템으로 정착시켜 나가야 한다.

① 문제가 발생한 상황을 하나의 시스템으로 정의하고 전체 시스템의 조화와 균형을 중시한다. 모든 문제는 단순하고 우연히 발생하는 것이 아니라 여러 구성요소간 상호작용에 의해 발생하기 때문에 문제가 발생한 상황을 하나의 시스템으로 정의한다. 이탈고객 발생에 대해 외부적 요인의 경쟁사, 해당산업, 거시적 환경요인들과 기업내부의 기술수준, 합리적 가격, 직원예절, 고객관리, 환경과 위생 등 생산, 마케팅, 조달(유통)활동 등을 포함한 문제 시스템 범위를 설정한다. 따라서 지엽적이고 단순하고 단기적 시각이 아니라 종합적, 장기적 시각으로 문제를 이해해야 한다. 그리고 문제의 발생 원인을 전체 시스템 맥락에서 분석한다. 시스템의 구성요소는 무엇인가? 구성요소간 어떤 상호작용이 있는가? 최근에 갑자기 변화된 것이나 비정상적으로 이루어지는 상호작용은 무엇인가? 전체 시스템의 목적과 기능이 제대로 수행되고 있는가? 일시적인 해결책이 아니라 시스템의

생명력과 효율성 행상을 위하여 문제 해결방안을 강구한다. 특정 해결방안이 전체 시스템에 미치는 장기적 영향을 분석한다. 일시적 조치는 생존 메카니즘에 의해 또 다른 더 큰 문제를 야기하기 때문에 부분 최적화보다 전체 최적화를 중시한다.

② 문제해결 절차를 하나의 시스템으로 정립한다.
문제해결을 위한 단계는 하나의 시스템이다. 각 단계는 문제 해결 시스템의 하나의 구성요소이다. 1단계로 문제를 명확하게 정의한다. 3단계로 문제의 원인을 파악한다. 3단계로 근본 원인을 해결할 수 있는 대안을 모색한다. 4단계로 최적의 해결방안을 선택한다. 5단계로 해결방안을 실행하고 그 결과를 피드백 한다. 문제를 해결하기 위한 흐름(Flow)은 Input → Process → Output → Input → Process → Output → Input 으로 반복된다. 문제해결은 절차적으로 타당해야 하며 일부단계가 부실하거나 생략되면 내용에 상관없이 절차적 타당성이 훼손된다. 실제 문제해결 노력이 실패하는 가장 큰 이유는 절차적 타당성 부족으로 인하여 주요 이해관계자의 공감대를 확보하지 못했기 때문이다.

③ 문제 해결방안을 하나의 시스템으로 정착시켜 나간다.
문제해결은 일시적이 되어서는 안 된다. 문제의 재발 가능성을 예방할 수 있는 문제해결 방안이 스스로 생존할 수 있는 하나의 시스템으로 정착되어야 한다. 즉, 제도화해야 한다는 것이다. 이는 시간이 지남에 따라 사람의 생각이 달라질 수도 있고 정서나 심리적 상황에 따라 변화될 수도 있기 때문이다. 시스템을 제도화한 예를 살펴보면 성문화된 법률 시스템, 성과와 보상의 명문화, 임금과 근태의 사규화, 업무분장의 프로세스 정립을 통한 체계화, 지식관리시스템 구축 등이다.

시스템적 접근방법의 한계나 취약점은 무엇일까? 시스템적 접근은 고전과학관의 한계를 극복할 수 있는 시각을 제공하였으나, 구성요소간의 상호작용을 이해할 수 있는 틀이 없다. 협력, 보완, 견제, 갈등, 조화 등과 같은 상호작용이 언제 어떻게 발생하며 어떠한 결과를 만들지에 대한 분석 기준이나 틀이 존재하지 않는다는 것이다. 또, 상호작용을 일일이 파악하는 자체가 불가능하다. 따라서 실용적 도구가 아니라 개념적 선언에 지나지 않을 수 있다. 시스템을 어떻게 정의하느냐에 따라 분석 시각이 달라진다. 시스템 범위는 객관적 기준보다 시스템을 정의하는 사람의 주관적인 판단에 따라 좌우되기 쉽다. 따라서 객관적, 본질적 속성을 간과할 우려가 있다. 시스템주의자는 인간의 꿈과 열정이 때로는 기적을 만들 수 있음을 이해하지 못한다.

4 경영전략 이론가

1. 마이클 포터의 '경쟁전략'

경쟁전략에 대해 마이클 포터의 이론을 살펴보자. '경쟁전략'이라함은 경쟁관계에 있는 기업들이 시장에서 이기기 위해 필요한 것이다. 만약 경쟁자가 없다면 경쟁전략이 필요 없을 것이다. 마이클 포터는 기업을 둘러싸고 있는 5가지 위협요인(5-Forces Analysis Model, 일반적으로 거시적 환경 분석 기법으로 사용됨)을 이야기 하면서 이것을 시장진입 장벽이라고 한다. 이것을 극복하면 기업은 경쟁에서 이길 수 있고 시장에서 인정받아 성공경영이 가능하다는 이야기다.

① 기존 경쟁자의 위협

② 신규 참여자의 위협

③ 대체 상품의 위협

④ 구매자의 구매력

⑤ 공급자의 교섭력

경쟁 전략을 수립하기 위해서는 시장에서의 역학관계를 분석하고 시장에서 가장 결정적인 요인을 발견하는 것에서부터 출발한다. 1980년대 미국은 일본 기업들의 시장진출로 인해 국가 경제에 위협을 당하고 있었다. 미국은 내수업체들로 형성된 자동차, 가전제품에서 일본이 싼 가격으로 높은 기술력을 가지고 들어오게 된 것이다. 뒤이어 중국과 아시아 국가들도 가세하였다. 지금까지 성공에 안주해 있었던 미국 경영자들은 글로벌 시대에 맞는 새로운 경영이론을 원했고 그때 하버드 대학교수였던 '마이클 포터'가 등장한 것이다.

마이클 포터는 경제 시장을 하나의 전쟁터로 보았다. 적들에게서 자신을 지키고 경쟁상대의 의도를 파악하여 선제공격을 취하는 군인처럼 시장에서도 동일한 행동이 필요하다고 주장했다.

마이클 포터는 경쟁전략의 3가지 기본 이론을 제시하였다.

① 비용적으로 압도적인 우위를 위한 '코스터 리더십(Cost Leadership)'

② 상대의 약점을 공격하여 결정적인 장점을 만드는 '차별화 전략'

③ 시장의 역학관계를 변하게 하는 제품에 자본을 집중해서 승부하는 '선택과 집중 전략'

상기 3가지의 전략 중, 어떤 것을 택할 것인지는 경영자의 '몫'이다. 기업은 기본 전략을 수립한 후, 경쟁 상대에 대한 분석이 필요하다. 시장에서 장애가 되는 최대의 경쟁자와 잠재적인 경쟁자를 확인하고 왜 그 기업이 강한가? 약점이 있다면 무엇인가? 어떤 잠재적 가능성을 가지고 있는가? 등을 철저하게 분석한다. 그리고 기업의 장기 목표, 시장에 대한 가설, 현재의 전략, 잠재적 능력 분석 등을 실시한다.

시장 경쟁에서 이기기 위해서는 소비자의 구매 니즈(needs)에 따라야 한다. 경쟁사와 비교해서 고객의 니즈에 부합하고 있는가를 확인하고 아니라면 다른 구매자를 찾는 신 시장을 개척하든지 다른 상품을 개발하여 구매자의 니즈를 끌어와야 한다.

마이클 포터(Michael Porter)

마이클 유진 포터(Michael Eugene Porter)는 경영학과 경제학, 모니터 그룹(The Monitor Group, 컨설팅 업체)의 설립자. 현재 하버드 경영대학원의 Bishop William Lawrence University Professor로 재직 중.

기업 경영 전략과 국가 경쟁력 연구의 최고 권위자인 마이클 포터의 연구는 전 세계 유수의 정부 기관과 기업, 비영리단체, 그리고 학계에서 널리 인용되고 있다.

또한 하버드 경영대학원에서 거대 기업의 신규 CEO를 위한 프로그램을 담당.

- 1969년 이학 학사, 프린스턴 대학교 항공 기계 공학 우등 졸업
- 1971년 경영학 석사, 하버드 경영대학원, 우등 졸업
- 1973년 경제학 박사, 하버드 대학교

마이클 포터는 18권의 책과 수많은 저서들을 남겼는데 여기에는 '경쟁 전략', '경쟁 우위', '국가 경쟁우위', '경쟁에 관하여'와 같은 걸작들도 포함된다.

한 해, 하버드 비즈니스 리뷰 최고의 저술에 주어지는 맥킨지 어워드를 여섯 번이나 수상한 포터 교수는 현재 경영과 경제 분야에서 가장 많이 인용되는 영향력 있는 저술가이다.

마이클 포터의 핵심 분야는 경쟁과 기업 전략이다. 그의 아이디어와 작업들은 또한 경쟁력과 경제 성장, 도시 내(內) 공동체의 경제적 추락, 환경 정책, 그리고 기업의 사회적 책임 등에 대한 정의를 다시 내리게 했다.

그는 연구와 저술, 교육을 넘어 정부와 기업, 그리고 사회 운동 센터의 컨설팅까지 영역을 넓혔다. 그는 캐터필러, 프록터 앤 갬블(P&G), Scotts Miracle-Gro, 로얄 더치 셸, 그리고 타이완 반도체와 같은 여러 세계적인 기업의 전략 어드바이저로 활동해 왔다.

포터 교수는 두 개의 공공 기관(Thermo Fisher Scientific, Parametric Technology Corporation)의 이사직을 역임했으며, 미국의 행정 수뇌부와 국회에의 미국 경제 정책 결정 과정에서 중요한 역할을 맡고 있다. 또한 세계 여러 국가의 전략적 경제 정책 프로그램을 이끌고 있으며, 현재는 르완다와 대한민국의 대통령 특별 고문역을 수행중이다.

마이클 포터는 미국에서 세 개의 주요 비영리기구를 조직했다

① 1994년 Initiative for a Competitive Inner City ICIC
도시 내 낙후된 지역의 경제 발전을 도모함

② The Center for Effective Philanthropy
사회 자선사업의 효율성을 측정하는 현실적인 수단을 개발

③ FSG-Social Impact Advisors
NGO와 기업, 그리고 사회적 가치를 창출해내는 재단들을 위한 비영리 전략 회사

포터의 가장 뛰어난 업적 중 하나는 기업에 대한 경쟁세력을 모형으로 단순화한 5-Forces Analysis Model이다.

→ 포터의 저서

Porter, M.E.(1979) "How competitive forces shape strategy", Harvard business Review, March/April 1979.

Porter, M.E.(1980) Competitive Strategy, Free Press, New York, 1980.

Porter, M.E.(1985) Competitive Advantage, Free Press, New York, 1985.

Porter, M.E.(ed.)(1986) Competition in Global Industries, Harvard Business School Press, Boston, 1986.

Porter, M.E.(1987) "From Competitive Advantage to Corporate Strategy", Harvard Business Review, May/June 1987, pp 43-59.

Porter, M.E.(1996) "What is Strategy", Harvard Business Review, Nov/Dec 1996.

Porter, M.E.(1998) On Competition, Boston : Harvard Business School, 1998.

Porter, M.E.(1990, 1998) "The Competitive Advantage of Nations", Free Press, New York, 1990.

Porter, M.E.(1991) "Towards a Dynamic Theory of Strategy", Strategic Management Journal, 12(Winter Special Issue), pp. 95-117.

McGahan, A.M. & Porter, M.E. Porter.(1997) "How Much Does Industry Matter, Really?" Strategic Management Journal, 18(Summer Special Issue), pp. 15-30.

Porter, M.E.(2001) "Strategy and the Internet", Harvard Business Review, March 2001, pp. 62-78.

Porter, M.E. & Kramer, M.R.(2006) "Strategy and Society : The Link Between Competitive Advantage and Corporate Social Responsibility", Harvard Business Review, December 2006, pp. 78-92.

Porter, M.E. & Teisberg, E.O.(2006) "Redefining Health Care : Creating Value-Based Competition On Results", Harvard Business School Press, 2006.

2. 피터 드러커의 '지식경영'

사회생태학자, 경영학의 발명자, 현대 경영학의 아버지, 현대 사회의 철인, 자본주의에서 자본을 제거하기 위해 평생 노력한 남자, 피터 드러커(Peter Ferdinand Drucker, 1909년 11월 19일 ~ 2005년 11월 11일)는 오스트리아 빈 출신, 빈 김나지움을 졸업하고, 독일 함부르크 대학 법학부를 거쳐 31년 독일 프랑크푸르트 대학에서 국제법과 공법 전공으로 박사학위를 취득했다.

프랑크푸르트에서 신문 기자로 일했으며, 런던의 국제 은행에서 경제 전문가로 일하기도 했다. 히틀러를 피해 런던으로 이주했다가 37년 미국에 정착하면서 본격적인 저술활동에 들어가 최초의 저서인 「경제인의 종말」을 출간했다.

- 1937년 미국에 정착, 최초의 저서인 「경제인의 종말」을 출간
- 1939년 뉴욕 주 사라 로렌스 대학에서 경제학 및 통계학을 강의
- 1942년~1949년 버몬트 주 베닝턴 대학에서 철학 및 정치학 교수
- 1943년 제너럴 모터스(GM) 컨설팅을 수행
- 1947년 마셜 플랜에 고문
- 1950년~1971년 뉴욕 대학 경영학부 교수로 재직
- 1971년~2003년 캘리포니아 주 클레어몬트 경영대학원, 현재는 '드러커 경영대학원'으로 개명됨. 사회과학부 석좌 교수직을 역임
- 1990년 드러커 비영리 재단 설립
- 2005년 11월 96세로 별세

하버드 비즈니스 리뷰를 비롯한 많은 잡지에 글을 기고했고, 월스트리트 저널의 정기 기고자로 활동하였다.

사업의 목적은 '고객창조'이며 본질적인 기능은 마케팅과 혁신이다. 그리고 조직은 이것을 실현하기 위한 수단이다. 조직에 있어 가장 중요한 것은 경영이다. 드러커는 이것을 '사업', '리더', '사람과 일'로 나눠 적절하게 관리하는 방법을 제안했다.

드러커는 자본주의 사회가 진화를 거듭해서 오늘날 지식사회로 향하고 있다고 주장하며 '지식사회의 도래를 예언'했다. 여기서 말하는 지식은 고도로 전문화가 진행되어 특정 계층 사람만 알 수 있는 것이 아닌 모든 사람과 공유할 수 있는 객관성을 지닌 지식이다. 이러한 지식을 가진 노동자를 '지식 노동자'라고 불렀다. 고도로 전문화된 지식은 다른 전문화한 지식과 조합되어 새로운 가치를 탄생시킨다. 지식은 또한 의식적으로 융합시키는 것으로 부가가치를 낳게 된다. 기업은 고객에게 부가가치를 제공하는 것이 본분이며 지식을 유기적으로 결합해 새로운 가치를 창출하는 것이 지식사회에서 기업이 해야 하는 일이다.

작가이자 경영학자였으며 스스로는 "사회생태학자(social ecologist)"라고 불렀다. 그의 저서들은 학문적으로나 대중적으로 널리 읽혔는데 주로 어떻게 인간이 사업과 정부기관과 비영리단체를 통하여 조직화되는가에 대한 탐구에 관한 내용이었다.

분권화(Decentralization), 민영화(Privatization), 권한위양(Empowerment), 지식노동자(Knowledge Worker), 학습조직(Learning Organization), 목표관리(MBO), 수평조직(Flat Organization) 등 오늘날 일상화되어 있는 경영용어들을 만들어 냈다.

그의 저작들은 20세기 후반의 많은 변화들을 예측하였는데, 이를테면 민영화와 분권화, 일본 경제의 발전, 사업에서의 판촉(marketing)의 중요성, 정보화 사회의 발현과 평생 교육의 필요성들에 대해 역설하였다. 1959년에 그는 지식 노동자라는 개념을 고안하였는데 만년의 그는 다음 세대 경영에서의 지식 노동의 생산성에 대해 고찰하였다.

드러커 박사의 모든 측면을 종합하여 표현한다면 동서양의 역사를 통달하고 특히 과거 100년간의 세계 흐름을 읽고 관찰하며 유럽, 미국, 아시아를 중심으로 한 모든 세계의 조직 및 개인과 상호작용하면서, 거시 경제와 미시 경영을 왕래하고, 어제의 역사와 오늘의 현실 속에서 미래의 변화를 예견하며, 사회의 변화 속에서도 변함없는 요소들을 발견하고, 인간에 대한 따뜻한 애정을 바탕에 둔 현대경영학을 확립한 경영학의 아버지가 될 것이다. 이렇듯 한 마디로 그를 표현하는 것 자체가 불가능한 일이며 오해를 불러일으키기 쉬운 일이라는 것이다. 이 점이 우물 안 개구리식의 학자들과 드러커 박사를 구별케 하는 요소다.

피터 드러커 박사는 인간 중심의 지식경영에 있어 유의해야 하는 점을 아래와 같이 밝히고 있다.

① 강점위에 구축하라. 강점을 활용하라

인간이나 조직은 각각 강점과 약점을 지니고 있다. 약점을 파고들어서는 아무 것도 얻을 수 없다. 상사와 부하의 강점, 배우자와 자녀들의 강점, 친구의 강점, 파트너의 강점을 발견하고 살리는 것만이 성과를 맺는 비결이다. 약점으로 보이는 것도 관점을 바꾸면 강점이 된다. 약점과 강점은 동전의 양면과도 같다. 핵심 역량을 발견하고 키우며 집중하는 것이 성과를 낳는 지름길이라고 드러커 박사는 말한다.

② 문제보다 기회에 초점을 맞춰라

많은 기업과 사람들이 현재 안고 있는 문제로 신음하며 문제 해결을 위해 막대한 자원을 투입한다. 그러나 급히 수술해야 할 문제는 제외하고 보면, 문제 그 자체보다 미래지향적인 기회에 초점을 맞추어 일을 진행시키는 것이 훨씬 더 중요하다. 그래야만 저절로 문제가 해결되고 나아가 큰 성과로 연결될 수 있다. 또한 문제로 보이는 것도 얼마든지 기회로 전환할 수 있다.

③ 지금 있는 곳에서 무엇에 공헌할 것인가를 생각하라

많은 사람들이 공헌을 통한 성과보다는 눈앞의 보수나 평가에만 집착한다. 드러커 박사는 개인의 진정한 성공이란 조직과 사회에 대한 공헌을 통해 성취될 수 있다고 강조한다.

④ 내부보다 외부를 지향하라

기회와 성공은 바깥, 즉 시장과 고객에 있다. 내부에 있는 것은 비용과 문제뿐이다.

⑤ 성과만이 유일하고 확실한 기준이다

조직 구조, 목표 시장의 선정, 인사관리, 다각화, 마케팅 등을 고려할 때 유일하고 확실한 척도는 그것들을 통해서 얻을 수 있는 성과다. 매니지먼트는 조직으로 하여금 성과를 올리도록 하는 것이 기본적인 책무다.

⑥ 드러커의 법칙 '모든 일은 생각한 것보다 2배 혹은 4배의 시간이 든다.'

1주일이 걸릴 것이라고 부하 직원이 보고하면 2주 혹은 한 달이 걸리겠다고 생각하라는 것이다. 인간 활동의 특성을 알기 쉽게 나타낸 말이다.

⑦ 배우고 또 버려라

새로운 것들을 끊임없이 배워야 한다. 그리고 낡은 것, 진부한 것, 더 이상 성과를 내지 못하는 것, 집중할 수 없는 것, 과거에 대한 집착은 버려야 한다. 이미 크게 성공한 것일수록 빨리 진부해지기 때문에 우선적으로 버려야 한다. 취해야 할 우선순위보다 버려야 할 열등순위를 고려하라는 말도 이것과 상통하는 표현이다. 드러커 박사는 생애를 마치는 순간까지 배우는 일을 게을리 하지 않았다. 말년에는 중국에 대해 연구했다고 한다.

⑧ 성실함은 모든 영리함보다 뛰어난 능력이다

기술이나 지식은 언제나 습득할 수 있다. 그러나 쉽게 습득할 수 없는 것이 있다. 바로 성실함이다. 성실함은 어릴 때부터 오랜 시간을 들여 획득해야 하는 가치이므로 무엇보다 중시해야 한다. 평생 조직을 위해 성실히 일한 사람을 쉽게 해고하는 것은 매니지먼트의 수치다. 성실함이 없는 영리한 사람은 조직과 사회와 국가에 막대한 해를 끼친다.

⑨ 여성의 능력을 활용하라

능력은 있으나 일할 기회를 얻지 못하는 여성들이 여전히 많다. 과거의 여성들과 달리 가사나 사회적인 제약의 부담을 적게 받는 교육 받은 여성들이 능력을 발휘할 기회를 찾고 있음을 늘 명심해야 한다.

⑩ '우리의 사업은 무엇인가, 무엇이어야만 하는가?'를 생각하라

아마도 드러커 박사의 저작에서 이 말보다 자주 등장하는 것도 없을 것이다. 시장에서 리더의 지위를 얻거나 사업의 성공을 바란다면 가장 먼저 던져야 할 질문이 바로 이것이다. 개인에게 삶의 목적이 있듯이 기업에도 존재의 목적이 있다. 그것을 명확히 하는 것은 가장 기본적이고 첫째가는 책무다. 그리고 오래 존속하며 성공하고 있는 기업의 공통점이다.

→ 피터 드러커(Peter Ferdinand Drucker)

- 출생-사망 : 1909년 11월 19일(오스트리아) - 2005년 11월 11일
- 학력 : 프랑크푸르트대학교 법학 박사 경력
- 1971년 드러커 경영대학원 사회과학부 석좌 교수
- 1950년~1971년 뉴욕대학교 경영학부 교수
- 1947년 마셜 플랜에 고문 자격으로 참여
- 1943년 제너럴 모터스(GM) 컨설팅 수행

→ 피터드러커(Peter Ferdinand Drucker) 저서

주요 저서에 「경제인의 종말」, 「단절의 시대」, 「미래 기업」, 「미래의 조직」, 「자본주의 이후의 사회」, 「21세기 지식 경영」 등 다수가 있다.

Fredrich Julius Stahl, Konservative Staatslehre und Geschichtliche Entwicklung : 1933년, Tuebingen Mohr 출판

경제인의 종말(원제 : The End of Economic Man, 1939년)

산업인의 미래(원제 : The Future of Industrial Man, 1942년)

법인의 개념(원제 : Concept of the Corporation, 1946년)

New Society(원제 : The New Society : 1950년, Harper & Row 출판)

경영의 실제(원제 : The Practice of Management, 1954년)

America's Next Twenty Years : 1957년 Harper & Row 출판

The Landmarks of Tomorrow : 1959년 Harper & Row 출판

결과를 위한 경영(원제 : Managing for the Results, 1964년)

목표를 달성하는 경영자(원제 : The Effective Executive, 1966년)

단절의 시대(원제 : The Age of Discontinuity, Guidelines to Our Changing Society, 1969년)

Technology, Management, and Society : 1970년 Harper & Row 출판

Men, Ideas and Politics : 1970년 Harper & Row 출판

피터 드러커 매니지먼트(원제 : Management : Tasks, Responsibilities, Practices, 1974년)

보이지 않는 혁명(원제 : The Unseen Revolution, How Pension Fund Socialism Came To America, 1976년)

Management Case Book : 1977년 Harper & Row 출판

방관자의 시대(원제 : Adventures of a Bystander, 1979년)(자서전)

Song of the Brush : Japanese Paintings from the Sanso Collection 1979년

격변기의 경영(원제 : Managing in Turbulent Times, 1980년)

새로운 경제학을 위하여(원제 : Toward the Next Economics and Other Essays, 1981년)

The Changing World of the Executive 1982년

가능한 세상의 마지막(원제 : The Last of All Possible Worlds, 1982년)

The Temptation to Do Good 1984년

혁신과 기업가정신(원제 : Innnovation and Entrepreneurship, 1985년)

The Discipline of Innovation, Harvard Business Review, 1985년

경영의 최전선(원제 : The Frontiers of Management, 1986년)

새로운 현실(원제 : The New Realities, 1989년)

비영리단체의 경영(원제 : Managing the Non-Profit Organization : Practices and Principles, 1990년)

생태학적 비전(원제 : The Ecological Vision, 1992년)

미래기업(원제 : Managing for the Future : The 1990s and Beyond, 1992년)

자본주의 이후의 사회(원제 : The Post-Capitalist Society, 1993년)

The Ecological Vision : Reflections on the American Condition 1993년

자기경영 노트(원제 : The Effective Executive, 1993)

다섯가지 경영원칙(원제 : five most important questions, 1993년)

The Theory of the Business, Harvard Business Review, September -October 1994년

미래의 결단(원제 : Managing in a Time of Great Change, 1995년)

드러커 온 아시아(원제 : Drucker on Asia : A Dialogue Between Peter Drucker and Isao Nakauchi, 1996년)

자본주의 이후 사회의 지식경영자(원제 : Peter Drucker on the Profession of Management, 1998년)

성과측정(원제 : Harvard Business Review on Measuring Corporate Performance, 1998년)

21세기 지식경영(원제 : Management Challenges for the 21st century, 1999년)

Managing Oneself, Harvard Business Review, March-April 1999년

프로페셔널의 조건(원제 : The essential Drucker)

Leading in a Time of Change : What it Will Take to Lead Tomorrow(2001년; with Peter Senge)

The Effective Executive Revised 2002년

They're Not Employees, They're People, Harvard Business Review, February 2002년

Next Society(원제 : Managing in the Next Society, 2002년)

A Functioning Society 2003년

경영 바이블(원제 : The Daily Drucker : 366 Days of Insight and Motivation for Getting the Right Things Done 2004년)

What Makes An Effective Executive, Harvard Business Review, June 2004년

The Effective Executive in Action 2005년

클래식 드러커(원제 : Classic Drucker 2006년)

3. 필립 코틀러의 '마케팅의 기본과 인간에 대한 연구'

필립 코틀러(Philip Kotler, 1931.5.27일생)는 미국의 경영학자이다. 시카고 대학에서 석사, MIT 경제학 박사, 매사추세츠 공과대학에서 박사학위를 받았으며, 노스웨스턴 대학 부속 켈로그 경영대학원의 석사교수이다. 현대 마케팅의 1인자로 알려져 있으며, 파이낸셜 타임즈에서 뽑은 비즈니스 그루에 잭 웰치, 빌 게이츠, 피터 드러커에 이어 4위에 선정되기도 했다.

그의 연구는 영리사업뿐만 아니라, 미술과 비영리기구의 자금조달, 정치 마케팅의 분야에도 족적을 남겼다. 저서 중 '마케팅 관리' 등이 있다.

memo

제 5 장

창의적 문제해결 5단계 (Problem Solving)

5

CHAPTER 5

창의적 문제해결 5단계 (Problem Solving)

컨설팅을 수행하면서 컨설턴트는 문제 해결을 위해 문제의 발견, 원인규명, 해결안 모색, 최적(案) 선택, 실행과 변화관리라는 5단계 플로(Flow)를 따른다.

문제라는 것은 절대적으로 존재하는 것이 아니라 상대적으로 달리 인식되는 것이다. 문제를 정의하는 시각에는 2가지 방법이 있다. 좁은 의미에서의 문제와 넓은 의미에서의 문제로 구분한다.

1. 좁은 의미의 문제

바람직하지 못한 상태(Undesirable Situation) 또는 현재 상태를 악화시킬 수 있는 위협(Threats)이다. 문제는 좋지 않는 것으로 원하지 않는 사건이나 곤경 등을 문제라고 할 수 있다. 문제 해결은 이전 상태로 회복하고 재발을 방지하는 것이다.

2. 넓은 의미의 문제

현재 상태와 미래상태의 차이이다. To-be 상태와 As-is 상태의 차이(Gap) 이다. 문제는 부정적 시각이 아니고 미래의 달성하고자 하는 목표와 거리이다. 문제 해결(Problem Solving)은 목표를 달성(Achieving Goals)하는 것이다.

대부분의 사람들은 문제가 발생되면 즉흥적으로 해결하려 한다. 본능과 직관에 따른 문제 해결은 비합리적 감정으로 대응하기도 하고 가치관에 따라 크게 달라진다. 만약, 당신이 월말이 되었는데 직원 급여를 줄 돈이 없다고 가정해 보자. 왜 이런 문제가 발생되었는지는 중요하지 않다. 오직 어떻게 돈을 만들어 현안문제를 해결할까만 생각하게 된다.

그러나 복잡한 비즈니스 문제를 해결하기 위해서는 절차적이고(Process-oriented) 합리적인 문제해결 방식이 필요하다. 합리적 문제해결 방식의 가장 중요한 요소는 그 절차를 잘 정의된(Well Defined) 독립적인 세부 단계로 분할하는 것이다.

문제해결 절차는 5단계 프로세스로 이루어진다.

1단계	2단계	3단계	4단계	5단계
문제발견	원인규명	해결안 모색	최적안의 선택	실행과 변화관리

각 단계별 내용을 살펴보면,

- 1단계 : 문제발견

  잠재적 문제, 현재 발생하고 있거나 미래에 문제로 발생할 수 있는 가능성이 있는 인자를 찾아낸다. 그리고 '왜 이것이 문제인가?'에 대해 구체적으로 정의한다.

  컨설팅에 있어 문제의 신속한 발견은 경쟁력이다. 현대 비즈니스 환경은 복잡, 다양하고 정보가 넘치고 있다. 이 속에서 문제를 발견하는 것은 컨설턴트의 역량이 절대적으로 필요하다.

• 2단계 : 원인규명

문제의 근본적인 원인을 파악하는 단계이다. 원인은 문제 해결을 위해 필요한 인자이며 문제의 재발을 방지하기 위해 제거되어야 한다. 마찬가지로 복잡한 비즈니스 환경 속에서 문제 발견과 더불어 원인을 찾기란 쉽지가 않다. 인과관계의 개념 및 성립조건에 대한 정확한 이해와 추정능력이 있어야 한다.

• 3단계 : 해결대안 모색

문제해결을 위한 목표를 설정하고 목표를 달성하기 위한 해결방안을 적어도 2개 이상 모색한다. 해결 대안으로는 현실 타당한 해결책과 창의적 아이디어 등을 도출할 수 있다.

• 4단계 : 최적안(案) 선택

도출된 여러 해결대안을 합리적으로 평가하여 최적안을 선택한다. 평가기준에 대한 선택이 중요하다. 어떤 기준을 택할 것인지 어떤 방식으로 평가할 것인지, 선택된 방안에 대한 공감대와 합의를 어떻게 확보할지 등이 이 단계에서 중요하다.

• 5단계 : 실행 및 변화관리

아무리 좋은 계획이 수립되더라도 실행하지 못하면 무용지물이다. 실행이 어려운 이유는 조직과 사람의 변화관리가 이루어져야 하기 때문이다. 사람들이 변화를 싫어하는 근본적인 이유를 파악하고 조직변화를 성공적으로 추진할 수 있는 방안을 강구한다.

맥킨지(Mckinsey)는 문제해결 프로세스를 7단계로 설명하고 있다. 맥킨지의 7단계 프로세스는 MECE에 의한 문제분할과 가설지향적 사고를 채택하였고 문제원인에 대하여 깊은 비중을 두지 않았다는 비판을 받고 있다. 또한, 해결방안으로 창의적 방안수립 보다 현장을 중심으로 정보를 수집하고 통합해서 방안을 도출하였다. 그리고 수립된 해결방안을 어떻게 실행할 것인지? 이 과정에서 필요한 조직의 변화를 어떻게 관리할 것인지에 대한 취약성도 보여주고 있다.

구 분	정 의	세 부 내 용
1단계	문제정의 (Definition)	• 문제가 무엇인지 구체적으로 정의한다. – 문제 배경, 해결(solution) 범위 – 핵심성공요인, 걸림돌 등 * 맥킨지 : 한국인은 문제가 무엇인지 파악하지 않고 지시에 따라 무작정 업무를 수행한다.
2단계	문제의 구조화 (Structure)	• 문제를 세부 분할한다. 이슈화하여 초기 가설을 세운다. – Top down 방식
3단계	이슈의 우선순위 선정 (Prioritize Issues)	• 세부 분할된 문제들의 우선순위를 부여한다. • 중요한 이슈에 집중하도록 한다.
4단계	이슈의 분석 및 워크플랜 (Work Plan)	• 어떤 이슈를 누가, 어떻게 분석할 것인지 워크플랜을 수립한다. • 조직구성과 팀원 역할을 배분한다.
5단계	분석수행 (Conduct Analysis)	• 이슈별로 자료수집 및 가설 검증을 수행한다. • 현장 자료 수집이 필요한 경우에는 업무 담당자와 인터뷰를 수행한다.
6단계	분석결과 종합 및 시사점 도출 (Synthesize Findings)	• 자료와 분석결과를 대안을 도출한다. so what의 관점에서 분석결과의 의미를 파악하고 문제해결에 필요한 정보를 찾는다. • 시각적으로 구체화 한다. 여러 관련자의 검토 의견을 피드백(feedback)으로 반영한다. * 맥킨지 : 한국인은 대안을 찾기 보다는 PPT 자료에 신경을 더 쓴다
7단계	제안도출 (Develop Recommendation)	• 대안을 설정, solution을 개발하고, 보고서를 고객에게 제출한다.

* feedback : 어떤 일로 인해 일어난 결과가 다시 원인에 영향을 미치는 자동 제어 원리. 진행된 행동이나 반응의 결과를 본인에게 알려 주는 일.

1단계 : 문제의 발견

문제해결의 5단계 프로세스 중, 첫 번째 중요한 것은 문제를 발견하는 것이다. 문제의 유형에는 적합한 문제(Right Problems), 난해한 문제(Wicked Ploblems)가 있다. 이러한 문제를 인식하는 과정에서 정확한 문제발견과 신속한 문제발견은 문제해결에 중요한 요인이 된다. 본 장에서는 문제발견과 판단기준을 알아본다.

적합한 문제가 되기 위해서는,

① 해결할 수 있어야 한다.(Possibility)

문제 중에는 시간적 제약, 문제의 규모, 복잡성과 특수한 환경의 문제 등 해결할 수 없는 문제도 있다.

예 질병퇴치, 수명연장, 빈곤퇴치, 종교문제, 경기침체, 원자재 가격 상승

② 해결할 가치가 있어야 한다.(Value)

문제 해결 이후의 상황이 이전의 상황보다 나아져야 한다. 목표 해결을 위한 지향하는 가치가 명확해야 한다. 투입된 비용에 대비 산출된 결과물이 상대적으로 커야한다. 즉, 비용 대비 투자의 타당성이 존재해야 한다.

예 술 취한 사람에게 잘못된 점 가르치기, 가정문제에 참견하기

③ 조속히 해결할 필요가 있어야 한다.(Time)

조속히 해결되지 않았을 때, 문제의 심각성이 증가하거나 파생적 문제를

야기할 수 있기 때문에 조속한 해결책이 필요하다. 시간에 따라 상태가 악화되는 확산적 문제에 집중하고 잠재적 문제를 예방한다.

예 노조와의 임금협상, 클레임 고객의 불만, 내부고객의 접객에 따른 불만족

난해한 문제(Wicked Problem)는 일반적으로 고약한(Wicked) 또는 어렵고 난해한(Difficult) 문제라고 말한다. 이러한 문제는 실패할 리스크(Risk)가 따른다. 난해한 문제는 문제 발견과 원인 규명이 뚜렷하지 않고 명확한 해결책을 설정할 수가 없다. 따라서 해결대안을 설정한다 해도 주관적 판단이 지나치게 개입되어 옳고 그름을 쉽게 판단할 수 없다.

문제가 난해하다는 것은 이익이나 가치관이 상충하는 여러 이질적 이해관계자가 존재한다는 것을 의미한다. 어느 한쪽의 편을 든다고 문제가 해결되는 것은 아니다. 어떤 조치를 취하든 끊임없이 재발한다. 조정과 타협이 유이한 방법일 수 있다.

문제는 신속하게 발견해야 한다. 즉 타이밍(Timeliness)이 중요하다. 신속성은 문제해결에 결정적 영향을 미친다. 그러나 현실 세계 속에서 중요한 문제일수록 늦게 발견되고 있다. 그 이유는 너무 많은 정보와 그 속에 정작 필요한 정보는 부족하고 문제를 문제로 보지 않는 방심이 문제발견을 어렵게 만든다.

문제는 정확하게 발견되어야 한다. 문제 발견의 오류에는 두 가지 유형이 있다.

① 중요한 문제를 발견하지 못하는 것이다.

② 중요하지 않는 것을 중요한 것으로 인식하는 오류가 있다.

왜 사람들은 충분한 정보를 보면서도 중요한 문제를 별 문제가 아닌 것으로 파악할까? 또, 중요하지 않는 문제를 심각하게 생각할까?

① 부적절한 패턴인식(Pattern Recognition), 즉 새로운 상황을 인식하는 과정에

서 과거에 경험한 패턴과 동일시하여 이해하는 경향이 있다. 또는 신속한 패턴인식은 상황인식과 의사결정을 촉진하지만 때로는 문제의 초점을 잃는 경우가 생긴다. 이를 극복하기 위해서는 제로베이스적(Zero Based) 사고를 가져야 하며 시스템적 사고를 가지는 것이 좋다.

② 조직의 리더의 성향으로 과도한 심리적 집착으로 현실을 직시하지 못하고 합리적인 판단을 하지 못한다. 이를 극복하기 위해서는 의사결정권자의 독단적 판단이나 선입견에 도전할 수 있는 토론 분위기를 조성한다.

③ 본능에 의한 맹목적인 신뢰로 자신에게 불리하거나 원하지 않는 정보는 무의식적으로 외면한다. 맹목적 신뢰는 일반적으로 사회적 생존 메커니즘에 의하여 이루어진다. 자신이 속한 조직, 자신이 선호하는 외모, 자신과 동일한 의견, 자신을 칭찬해 주는 사람 등이다. 이를 극복하기 위해서는 모든 정보를 전반적으로 점검하여 중요한 정보를 포착할 수 있는 스크리닝(Screening) 시스템을 통해 제어하는 것이 좋다.

④ 정확한 판단기준의 부재한 경우다. 이는 문제의 심각성을 검증할 수 있는 객관적 판단기준을 명확하게 설정해야 한다.

문제 발견은 측정과 판단 2개의 절차로 이루어지는 일종의 평가(Evaluation)이다. 평가에 따라 측정값의 좋고 나쁨(Good or Bad), 옳거나 그름(Right or Wrong)을 판단하기 위해 포닉(PONIC) 모델을 사용한다.

문제를 판단하기 위한 5가지 비교방법 포닉(PONIC) 모델

구 분	내 용	예 시
Past (과거와 비교)	과거의 실측치와 비교한다.	과거에 비해 낮아지면 문제가 된다.
Objective (목표와 비교)	미리 설정된 목표와 비교한다.	목표에 미달되면 문제가 된다.

구 분	내 용	예 시
Norm (상식과 비교)	정상적이거나 상식수준과 비교한다.	매출1위 기업이 고객만족도 1위 기업이 아니다. 이것은 문제이다.
Input (투입비용과 비교)	비용효과분석(Cost benefit analysis)을 통해 산출 효과를 분석한다.	투자수익율(ROI) 수치가 낮으면 문제가 된다.
Competitor (경쟁사와 비교)	경쟁사와 항목 비교를 한다.	경쟁사에 뒤떨어진다면 문제가 된다. 경쟁사 대비 고객만족도에 비해 우리의 고객만족도가 낮다.

마지막으로 문제를 발견했다면 문제에 대한 정의서가 필요하다. 문제를 어떻게 정해야 할까? 문제를 인식하는 것과 정의하는 것은 차이가 있다. 문제와 관련된 이해당사자간 복합적인 상황에서는 반드시 명확하고 구체적인 문제의 정의가 필요하다.

문제를 정의하는 것은 자원배분이나 투자의사결정이라는 중요한 문제를 결정할 수 있기 때문이다.

문제 정의는 5W-1H(Who, What, Where, When, Why, How)와 KT(Kepner-Tregoe) 기법이 있다. 문제와 관련된 정보를 'Is(사실)'와 'Is not(사실이 아닌 것)'으로 정보를 대비함으로 다양한 각도에서 문제를 살펴볼 수 있다.

문제 정의서에 대해 처방적(Prescriptive) 가이드라인보다 실제 수행한 사례를 있는 그대로(Descriptive) 살펴본다.

<table>
<tr><th colspan="2">문제의 명칭</th><th>관리점 내 매출감소와 이익률 감소</th></tr>
<tr><td colspan="2">발생장소</td><td>000 지역, 경쟁사 변동 유</td></tr>
<tr><td colspan="2">발생시기</td><td>최근 3개월간 매출추이 분석결과 30% 매출감소</td></tr>
<tr><td colspan="2">발생빈도</td><td>지난 7개월간 매출 일정 유지(±5%)
최근에 발생</td></tr>
<tr><td colspan="2">이해관계자</td><td>문제 당사자 : 경영자(원장)
문제로 인한 피해자 : 경영자 및 본사
문제해결을 희망하는 관련자 : 경영자 및 본사
문제해결에 관심 없는 자 : 경쟁사, 직원</td></tr>
<tr><td colspan="2">문제의 심각성</td><td>손익이 마이너스로 전환
직원들의 사기저하
고객감소에 따른 전이</td></tr>
<tr><td rowspan="5">판단 근거</td><td>Past (과거비교)</td><td>매출 감소가 30% 발생됨</td></tr>
<tr><td>Object (목표비교)</td><td>목표수준 40%로 미달</td></tr>
<tr><td>Norm (정상수준비교)</td><td>정상적으로 매출을 유지해 오다가 갑자기 발생한 것으로 심각함</td></tr>
<tr><td>Input (투입비용비교)</td><td>매출 증대를 위한 투입비용은 5% 월 광고비용 소요</td></tr>
<tr><td>Competitor (경쟁사비교)</td><td>경쟁사의 매출 추이는 증가(약 10%)</td></tr>
<tr><td colspan="2">문제의 잠재적 원인 1차 가설</td><td>기술적/가격/예절/고객관리/위생의 문제에 의해 재방 고객의 감소
특히, 기존고객에 대한 이탈정도가 심함</td></tr>
<tr><td colspan="2">문제 해결 목표</td><td>기존고객관리 솔류션 강화
단골고객 20% 관리방법 강화</td></tr>
<tr><td>문제 유형</td><td>문제구조</td><td>■ 정형적(structured, 발생 원인이 명확하고 전례가 있음)
□ 비정형적(unstructured, 발생 원인이 불명확하거나 전례가 없음)</td></tr>
</table>

	이해관계자 이질성	■ 동질적(unitary, 이해관계자 입장이 비슷하고 의견이 일치함) □ 다원적(plural, 입장이 다른 다양한 이해관계자 그룹이 존재함) □ 이질적(coercive, 이해가 상충하는 이질적 그룹이 존재함)
	문제 확산	□ 소멸형 □ 안정형 ■ 확산형

2 2단계 : 원인규명

원인을 명확히 밝히는 것이 '원인규명'이다. 원인 규명이 쉽다면 문제해결이 도달하는 시간을 줄일 수 있을 것이다.

원인규명이 중요한 것은 첫째로 원인을 찾아야 문제해결 방안을 도출할 수 있기 때문이다. 문제 해결은 목표를 달성하는 것이다. 그리고 원인 규명은 목표 달성을 위하여 반드시 갖추어야 하는 핵심성공요인(CSF)이 무엇인지 파악하는 것이다.

두 번째로 문제 재발을 방지하기 위해서는 원인이 제거되어야 한다. 단순히 문제의 현상을 덮어버리고 일시적인 치유는 문제를 더욱 악화시키거나 원인을 고질적 원인으로 만들어 버린다.

세 번째로 원인을 찾는 과정에서 선행단계의 오류를 검증할 수 있다. 원인 규명 단계에서 그 동안 몰랐던 새로운 사실들이 밝혀질 수 있다. 일반적으로 선행단계의 오류 발견은 2가지 타입이 있다. 숨겨져 있던 중요한 문제가 새롭게 등장하는 경우와 현재 문제로 다뤄지는 문제가 적합한 문제인지 아닌지 판명되는 것이다.

네 번째로 공식적 기록(Formal Documentation)으로 가치를 가진다. 원인규명으로 문제해결 과정과 결과가 주요 이해관계자에게 공개되고 많은 사람의 관심과 참여를 유도할 수 있다. 이러한 관심과 참여가 높을수록 문제해결 가능성이 높아진다. 파악된 정보는 공식적인 데이터로 권위와 가치를 가진다.

원인을 규명하는 것은 쉬운 일이 아니다. 쉽게 원인을 찾는다면 심각한 문제가 아닐 수 있다. 원인 규명이 쉽지 않는 이유는 여러 잠재적 변수들이 얽혀있어 인과관계의 경로를 포착하기 어려우며 겉으로 드러나지 않아 원인을 알아내기가 쉽지 않다.

원인규명이 어려운 것은 첫째로 원인변수가 복잡하거나 사라져 버렸을 경우다. 원인과 결과 사이의 시간차이(Time Lag)로 인하여 문제가 사라져 버린 경우다. 두 번째는 거짓 정보의 홍수다. 거짓정보(False Information)의 범람이다. 정보통신의 발달은 사실이 아닌 것이 사실로 픽션이 논픽션으로 변질되어 유통된다. 거짓정보는 사실보다 훨씬 자극적이고 확산속도가 빠르다. 즉 현상을 과장, 축소, 왜곡하는 경우가 심하다.

세 번째는 문제의 원인을 알고 있는 사람이 침묵하는 경우이다. 대부분의 문제는 사람의 문제이다. 사람의 문제라면 그 원인이 무엇인지 알고 있는 사람이 반드시 있다. 하지만 대인관계와 조직문화의 관점에서 공개적으로 밝힌다는 것이 어렵다.

네 번째는 여러 이해 관계자들의 생각이 대립한다. 문제 해결을 위한 목표설정과 방향에 대해 서로 다른 생각을 하는 이질적인 그룹이 상호 충돌한다. 그들은 문제의 원인에 대한 의견도 서로 다르다.

문제 원인을 규명하는 것은 원인과 결과 사이의 인과관계(Causality)를 설정하는 것이다.

문제와 원인 사이에 인과관계가 성립되기 위해서는 3가지 조건이 성립되어야 한다. 이것은 필요조건이지 충분조건은 아니다. 즉, 3가지 조건이 다 갖춰져 있다고 해서 반드시 인과관계가 성립되는 것은 아니다. 인과관계 성립에 필요한 3가지 조건이 있다.

첫 번째로 시간적 선행이다. 시간적으로 A가 B보다 먼저 발생해야 한다. 때로는 동시에 발생되기도 한다.

두 번째로 논리적 타당성이 있어야 한다. 여러 명제와 사실을 토대로 'A → B' 가설의 논리적 타당성이 설명되어야 한다.

세 번째로 통계적 검정이 가능해야 한다. 'A → B' 가설이 실제 데이터에 의해 통계적으로 입증되어야 한다. 인과관계의 입증을 위한 통계기법에는 경로분석(Path Analysis)과 구조방정식(Structural Equation Modeling)이 있다.

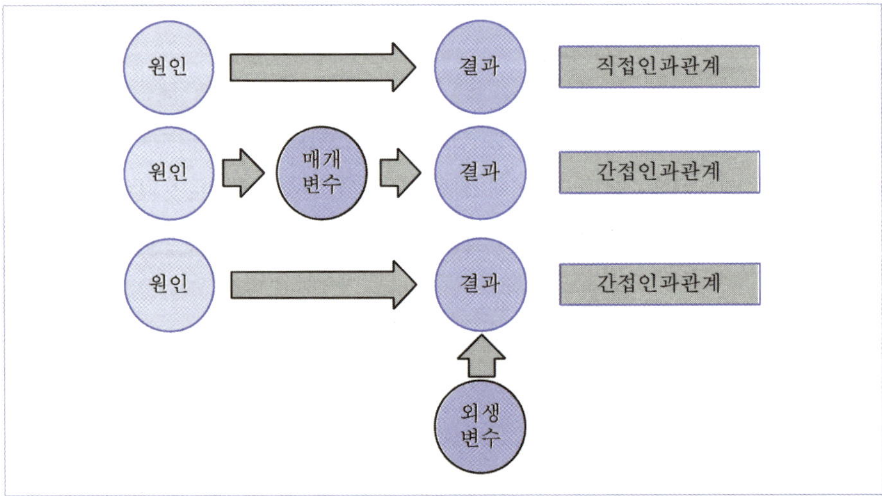

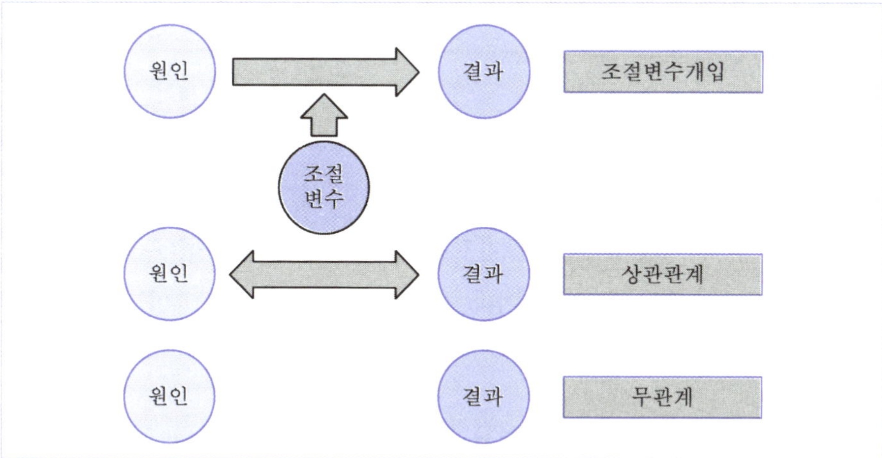

상기 인과관계 성립조건 중, 통계적 검증은 인과관계를 입증하는 것 중에 가장 어려운 것 중에 하나다. 그 이유는 데이터수집이 어렵고 수집된 데이터의 신뢰성이 낮으며 통계적 분석이 본질적으로 적합하지 않는 문제가 있기 때문이다. 따라서 통계적 검증이 현실적으로 여의치 않은 경우 신속한 가설 설정이 필요할 경우에는 경험칙에 의해 인과관계를 추정할 수밖에 없다. 경험칙이란? 오랜 경험에서 축적된 문제해결 규칙 또는 기준이다. 경험칙에는 Forward Reasoning, Backward Reasoning이라는 두 가지 기준이 있다.

① Forward Reasoning 경험칙

어떤 원인이 존재하는 사례의 25% 이상에서 특정 결과가 발생하는 경우 '원인 → 결과' 인과관계를 추정할 수 있다.

예 불만고객 25% 이상이 거래를 중단하였다면 '고객만족도 → 고객이탈률'이라는 가설을 설정할 수 있다.

② Backward Reasoning 경험칙

특정 결과가 발생한 사례의 50% 이상에서 그 원인이 존재하는 경우 '원인 → 결과' 인과관계를 추정할 수 있다.

예 거래 중단 고객의 50% 이상이 불만 고객이었다면 '고객만족도 → 고객이탈률'이라는 가설을 설정할 수 있다.

인과관계 경로를 체계적으로 표현하기 위해서 피쉬본(Fishbone) 다이어그램을 사용한다. 피쉬본 다이어그램은 문제와 원인 사이의 관계를 쉽게 이해할 수 있다는 장점을 가지고 있다. 그러나 이것은 단순한 모델링 지원도구에 지나지 않는다. 일종의 로직트리(Logic Tree)이다. 이익감소라는 문제를 피쉬본 다이어그램으로 나타내는 사례다.

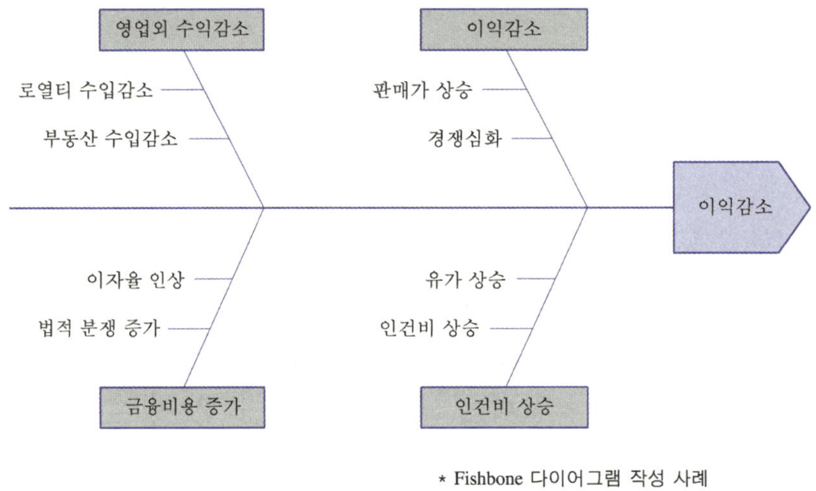

Fishbone 다이어그램 작성 사례

비즈니스에서는 문제발생은 곧 경쟁력 약화를 야기한다. 그리고 경쟁력 약화는 순식간에 급격히 발생한다. 기업 파산의 대부분은 1~2년 사이에 사업성과가 급격히 하락하는 특징을 보여준다.

비즈니스의 경쟁력 급감현상의 6가지 특징을 살펴보면 다음과 같다.

① 경쟁력이 급격히 감소한다. 손을 쓸 기회조차 없다

② 여러 사업성과가 동시다발적으로 악화된다. 매출과 이익감소, 고객만족 저하와 이탈, 비용증가와 자금부족 등이 동시다발적으로 나타난다.

③ 갑자기 급격히 나타난다. 사전징후 기간이 짧아 미리 발견하지 못한다. 그러나 약 87%는 사전에 예방과 능동적인 대응으로 회피할 수 있었던 것들이었다.(적절한 대처가 불가능했던 외주 환경요인은 전체의 13%)

④ 규모나 업종을 가리지 않는다. 대기업이나 오랜 전통을 가진 기업들도 이 문제에 있어 자유롭지 못하다.

⑤ 한번 경쟁력이 감소하면 그 흐름을 바꾸기가 어렵다.

⑥ 설령 회복하더라도 경쟁력을 완전히 되찾는 경우가 드물다. 기업의 규모가 작을수록 회복 확률이 낮다.

기업의 경쟁력 급감의 원인은 일반적으로 다음과 같다.

① 경쟁사의 모방

② 시스템적 무능과 태만(Inertia)

③ 부분 최적화, 단기성과에 집착

④ 패러다임 변화에 대한 부적응

살아남는 것은 강한 자가 아니라 변화에 적응하는 자임을 알지 못하여 발생한다.

- 패러다임(Paradigm) 이란? 특정 분야에서 사물의 원리를 인식하는 기본 사고방식과 가치관이다.

⑤ 사업전략의 실패

쇠퇴하는 기업의 특징은 다음과 같다.

① 성공에 대해 자만 한다.

② 막대한 자금력 확보로 원칙 없이 사업을 확장한다.

③ 주위의 위기 및 위험의 경고를 무시한다.

④ 회생을 위한 무분별한 노력을 수행한다.

⑤ 이러한 기업은 대부분 사라지거나 명맥만 유지한다.

3 3단계 : 해결대안 모색

문제는 특성에 따라 다르지만 해결방안은 다음 4가지의 유형에 따라 구분하여 활용한다.

유 형	설 명	예 시
문제를 무시 (absolution)	문제가 심각하지 않거나 해결이 불가능할 때 적용한다.	문제의 원인이 상호 싸워 지칠 때까지 기다린다.
문제를 해소 (Resolution)	타협과 조정에 의해 무난한 (satisfying) 해결책을 강구한다. 단기적 해결책으로 재발 우려가 있다.	일시적인 문제 해결 방법으로 울지 않는 새에게 먹이를 주거나 창문을 열거나 다양한 형태의 변화와 조작을 이용하여 새를 울게 만든다.
문제를 해결 (Solution)	원인을 철저히 규명하여 최적의 (optimal) 해결책을 찾는다. 문제해결은 재발방지에 있다.	갈등의 근본적인 원인을 파악하여 대책을 세운다.
문제를 소멸 (Dissolution)	문제 발생의 시스템을 제거하거나 새로운 패러다임을 제시하여 문제를 소멸시킨다. 소멸에 따른 반발과 저항이 있을 수 있다.	가장 효과적인 방법으로 원인이 되는 것을 완전히 없애버린다.

시스템적 사고에 근거하여 문제를 해결하는 방안을 모색하기 위한 가이드라인은 다음과 같다.

① 시스템의 패러다임을 바꾸면 참신한 해결방안이 보인다.

선도자는 패러다임을 바꾸고 추종자는 패러다임의 변화에 적응한다. 선도자의 패러다임 변화가 성공할 확률은 1%에 지나지 않지만 성공한다면 그 성과는 1000배에 이른다. High Risk - High Return 유형의 해결방안에 속한다.

예 내 미용실에 사람이 오지 않는다. → 내 미용실은 사람들이 즐기는 장소다.
고객이 돈을 지불한다. → 고객에게 돈을 지불한다.

② 문제 현상보다 원인에 집중한다.

문제의 표면적 현상에 집중하다 보면 궁극적으로 사태를 악화시킬 수 있다. 잘못된 해결 방법으로 우는 아이에게 떡주기 등이다.

③ 주요 구성요소에 미치는 영향을 미리 점검한다.

이해관계자(구성요소)를 파악하고 어떤 영향을 미치는지 전략적 시각으로 조명한다. 구성요소의 반응에 따라 변화의 속도와 방향을 유연하게 조정한다.

④ 절차적 타당성을 중시한다.

이해관계자(구성요소)를 파악하고 어떤 영향을 미치는지 전략적 시각으로 조명한다. 구성요소의 반응에 따라 변화의 속도와 방향을 유연하게 조정한다. 절차적 타당성을 확보해야 하는 이유는 동일한 문제발생시 적용이 가능하며 사적인 가치판단의 개입을 억제시키기 때문이다.

⑤ 일시적인 열정에 의지하지 않는다.

해결은 일시적인 조치가 되어서는 안 된다. 해결방안이 하나의 시스템적으로 정착되어야 한다. 감정에 의한 해결방안은 일시적 효과를 나타낼 수 있지만 지속되지 않는다. 일관성과 지속성을 가지고 있어야 한다.

창의적 아이디어는 참신한 해결방법을 제시한다. 창의적 아이디어를 만들기 위해서는 실패에 대한 공포에서 벗어나야 하고 다양한 관점에서의 지적 자극이 이루어져야 한다. 즉, 실패를 두려워하지 않고 끊임없이 도전하며 보통 사람이 하기 힘든 다양한 시각으로 문제를 바라보는 것은 창의적 아이디어 발상에 기본이다.

창의적 아이디어 촉진기법(Facilitation)들이 있다. 대표적인 것이 브레인스토밍(Brain storming), 브레인라이팅(Brain writing), 스캠퍼(Scamper), 열거법(Listing), 시넥틱스(Synectics), 고든기법(Gordon), 가상상황설정법, 악역연출(Devil's advocates playing), 역할전환(Role casting), 미래관점에서의 조명(Back casting), 강제연관(Forced association) 등이 있다.

일반적으로 많이 이용되는 기법인 브레인스토밍(Brain storming)과 스캠퍼(Scamper)는 다음과 같다.

1. 브레인 스토밍(Brain Storming)

구 분		설 명
개 요		• 여러 사람이 자유스럽게 의견을 제안하고 토론한다. • 창의적 아이디어 도출을 목적으로 한다. 따라서 현실타당성이나 자유분방함, 참신성, 다양성, 이질성, 파격성을 중시한다. • 아이디어의 양이 질을 결정한다. 정해진 시간 내 가능한 많은 아이디어를 발굴한다.
진행단계	1단계 분위기 조성	• 10분정도 편안한 대화를 한다. • 참여자의 부담을 최소화 한다.

구 분		설 명
진행 단계	2단계 순서결정	• 발표 순서를 정한다.(Free Wheeling, Round Robin) • 발표 순서에 따라 스트레스를 받지 않도록 한다.
	3단계 아이디어 발표	• 주제와 목적을 설명한다. • 아이디어를 자유롭게 말한다.(현실타당성에 대한 논쟁이나 적대적 비판은 삼사한다) • 즉흥적인 아이디어를 장려한다. • 모든 사람의 발표를 독려한다. • 발표된 내용은 기록한다.
	4단계 아이디어 평가	• 각 아이디어별로 문제해결 대안으로 타당한지 평가한다. • 직접적 평가보다 인기도 산출방법을 택한다.(거수, 점찍기 등)
단 점		• 소수에게 발언권이 집중될 수 있다. • 생산적인 아이디어 발굴이 아니라 중구난방식의 토론이 될 수 있다.

2. 스캠퍼(Scamper)

구 분		설 명
개 요		• Alex Asborn이 제안하였으며 브레인스토밍과 유사하다. • 아이디어 도출관점을 SCAMPER 단어의 7개 문자 별로 구체적으로 제시한다. 이것이 브레인스토밍과 다른 점이다. • 신제품 아이디어 창출에 유용하다.
진행 단계	Substitute	• 이것으로 새로운 것을 대체할 수 있는가? • 이것을 다른 것으로 대체할 수 있는가?
	Combine	• 다른 제품 또는 기능과 결합할 수 있는가?
	Adapt	• 다른 제품에 적용할 수 있는가? • 다른 기능을 적용할 수 있는가?

구분		설명
진행단계	Modify/Magnify	• 특정 구성요소를 수정할 수 있는가? • 특정 요소를 확대할 수 있는가?
	Put to other uses	• 다른 용도로 활용할 수 있는가?
	Eliminate	• 특정 구성요소를 제거 또는 감소할 수 있는가?
	Reverse	• 구성 요소들의 순서나 배열을 바꿀 수 있는가?

• 창의적 문제해결 방법론

트리즈(TRIZ, Theory of inventive problem solving)

수많은 기술 특허 사례에 적용된 문제해결 원리를 도출하여 체계적으로 집약한 일종의 문제해결 방법론이다.

트리즈(TRIZ)의 핵심 요소에는 크게 두 가지가 있다. 첫째 문제를 정의하는 39개의 속성(parameters), 둘째 문제를 해결할 수 있는 40개의 원리(principles)로 구분된다.

3. 트리즈(Triz)

① 1단계 : 39개의 속성에 의한 문제를 정의한다.

② 2단계 : 40개의 해결 원리 중에서 해당 문제의 해결 원리를 선택한다.

[1] 분리(segmentation)

[2] 추출(extraction)

[3] 부분품질(local quality)

[4] 비대칭(asymmetry)

[5] 통합(merging, consolidation)

[6] 다기능(multi-function)

[7] 포개기(nesting)

[8] 힘의 상쇄(counter-weight)

[9] 사전반대 조치(prior-counter action)

[10] 사전조치(preliminary action)

[11] 사전예방조치(preliminary compensation)

[12] 굴리기(equipotentiality)

[13] 역방향(do it in inverse)

[14] 곡선화(curvature increase)

[15] 역동성 증가(dynamicity)

[16] 초과 또는 부족(partial or excessive action)

[17] 차원 변경(dimension change)

[18] 진동(vibration)

[19] 주기적 조치(periodic action)

[20] 유용한 작용의 지속(continue)

[21] 급속 통과(rushing through)

[22] 전화위복(convert harm into benefit)

[23] 피드백(feedback)

[24] 중간 매개물(mediating)

[25] 셀프 서비스(self-service)

[26] 복사(copy)

[27] 일회용품(dispose)

[28] 대체(replace the mechanical system)

[29] 유동성(fluid)

[30] 얇은 막(flexible & thin flim)

[31] 다공성(porous material)

[32] 색상변화(changing color)

[33] 동질성(homogeneity)

[34] 폐기 및 재생(discard & recover)

[35] 속성변화(parameter change)

[36] 형상전이(phase transition)

[37] 관계변화(relationship change)

[38] 활성화(enrich)

[39] 비활성화(calm)

[40] 복합재료(composite materials)

4 4단계 : 최적안의 선택

문제 해결에 있어 대안은 하나일 수 없다. 해결 대안이 하나라는 것은 문제의 본질을 정확히 인지하지 못했다는 것을 의미한다. 즉, 하나의 대안이 나왔다는 것은 해결 대안으로 충분한 고민이 없었다는 것을 의미한다.

복수대안의 중요성에 대해 피터 드러커는 "올바른 의사결정은 반대의견과의 대립과 충돌에서 만들어진다. 필요한 것은 만장일치가 아니고, 또 다른 대안이다."라고 말한다.

알프레드 슬로안은 "어떤 방안에 대하여 모두가 동의한다면, 최종 결론을 미뤄야한다. 동의하지 않는 대안이 나타날 때까지 검토를 계속해야 한다."라고 주장하며 어떤 문제를 해결함에 있어 대안이 하나뿐이라는 것은 그 자체가 이미 잘못된 것이다.

그렇다면 여러 가지 대안 중 어느 것이 최적일까? 대안들을 체계적으로 평가하기 위해서는 장단점을 측정하고 비교할 수 있는 평가항목이 필요하다. 일반적으로 평가항목은 비용, 효과, 리스크, 정치적 고려 등 4개의 영역으로 구분한다. 소위 비용효과분석(Cost Benefit Analysis)은 비용과 효과를 대비하는 평가 기법이며, Risk-Return 포트폴리오 분석은 리스크를 상호 대비하는 분석기법이다.

구 분	세부항목 세분화	내 용
비용 (Cost)	비용의 크기의 적합성	• 비용규모가 적정한가? • 비용이 과다하게 책정되지 않았는가?
	비용 조달의 가능성과 비용 처리의 적정성	• 비용을 현실적으로 조달할 수 있는가? • 비용 부담이 과하지 않는가?
효과 (Benefit)	목표 달성의 가능성	• 문제를 해결하거나 목표를 달성할 수 있는가? • 직접적 효과의 크기는 얼마인가?
	효과에 대한 파급	• 부수적 파급효과가 얼마인가? • 어떤 이차적, 간접적 효과가 기대가 되는가?
리스크 (Risk)	실패 및 회피 가능성	• 해결대안을 성공적으로 추진할 수 있는가? • 도중에 실패할 위험은 없는가?
	발생 가능한 부작용	• 예기치 않은 부작용이 발생할 우려는 없는가? • 부작용으로 인해 어떤 손실이 발생할 수 있는가?
정치적 고려 (Politics)	당사자의 추진의지	• 문제 당사자가 얼마나 절실하게 원하고 있는가?(추진의지와 진정성과 열정)
	이해관계자의 협력	• CEO등 주요 이해관계자의 협력을 확보할 수 있는가? • 주요 이해관계자가 강력하게 반대하지는 않는가?

모든 평가항목이 객관적이고 정량적인 것이 아니라 상당수가 본질적으로 무형적(Intangible), 정성적(Qualitative)이다. 따라서 평가자의 주관적 판단이 어느 정

도 개입된다. 평가의 공정성을 위해 평가자 스스로는 다음의 8가지 심리적 함정(Trap)에 빠지지 않아야 한다.

평가자가 평가과정에서 극복해야 하는 8가지 심리적 함정은 첫인상, 현재의 익숙함을 유지하려는 성향, 과거의 집착, 선호하는 대안의 집착, 잘못된 시각, 지나친 확신, 지나친 신중함 등이 있다.

심리적 환경	세 부 내 용
Anchoring Trap (첫인상)	자신의 스타일에 맞는 것이나 첫인상이 좋은 것을 편애한다. 초기에 설정한 가설이나 일차적 대안에 후한 점수를 준다.
Status-quo Trap (현재유지)	가능한 현재의 상태를 유지하려 한다. 조건이 동일하다면 큰 변화를 원하지 않는다.
Sunk cost Trap (과거집착)	과거의 경험에 집착하거나 과거의 실수를 만회하고자 한다. 과거에 기 투입한 비용에 집착하여 회수하고자 한다.
Confirming Trap (선호하는 대안)	자신의 발언이나 소신을 입증하기 위해 암암리에 선호하는 대안을 밀거나 선호하지 않는 대안을 배척한다.
Farming Trap (잘못된 시각)	문제를 바라보는 관점이 바람직하지 않다.
Over Confidence Trap (지나친 확신)	특정 대안에 대해 지나친 확신을 가지고 있으며, 다른 대안에 별로 관심을 주지 않는다.
Prudence Trap (지나친 신중)	매사에 지나친 신중함으로 비관적이거나 소극적이다. 모든 대안이 전혀 마음에 들지 않는다.
Recall Ability Trap (최초의 경험)	최근에 발생한 생생한 기억에 영향을 받는다.

최적안 선택의 평가방법은 다음과 같다. 1 : 1 비교(Paired Comparison), 종합평가점수 산출법(Grid Analysis), KT 평가법(Kepner & Tregoe)등이 있다.

1. 1 : 1 비교(Paired Comparison)

1 : 1로 비교하여 최적안을 선택하는 방식이다. 이 방법의 단점은 각 대안의 비교 결과가 일관성을 상실할 수 있다는 점이다.

구 분	대안1	대안2	대안3	대안4
대안1	–	×	○	×
대안2	○	–	○	×
대안3	×	×	–	×
대안4	○	○	○	–
점수(score)	2개	1개	3개	0개

2. 종합평가점수 산출법(Grid Analysis)

각 대안마다 여러 가지 평가 항목을 정해 평가점수를 구하고 그 점수를 합산하여 종합 평가점수를 가지고 대안을 선택하는 것이다. 이 평가방법의 쟁점은 어떤 항목을 선정하느냐 이며, 평가항목의 가중치를 어떻게 두느냐 이다. 그리고 평가하고자 하는 모든 것이 합산이 가능한 수치로 측정하는 것이 불가능 한 경우가 많다. 대안이 가지고 있는 잠재력, 참신성, 간접 파급효과 등 눈으로 보이지 않는 항목들의 값으로 계량화 한다는 것이 어려우며 관찰자의 통찰력과 분석력에 의해서만 파악할 수 있다.

구 분	대안1	대안2	대안3	대안4
평가항목1	–	×	○	×
평가항목2	○	–	○	○
평가항목3	○	×	–	×

구 분	대안1	대안2	대안3	대안4
평가항목4	○	○	○	-
-	×	×	○	×
점수(score)	3개	1개	4개	1개

3. KT 평가법(Kepner & Tregoe)

필요조건과 충분조건이라는 2개의 독립적 단계로 분리하여 실시한다. 1단계는 필요조건(반드시 갖추어야 할 최소한의 필요조건에 의하여 평가하고 그 조건을 만족시키지 못하면 탈락시킨다.)이며, 2단계는 충분조건(필요조건에서 충족된 대안을 항목별로 평가점수를 부여하여 최적안을 선택한다.)이다. 2단계의 평가 자체는 종합평가점수 산출법과 같다.

1단계 : 필요조건 평가	2단계 : 충분조건 평가
평가항목 예시	평가항목 예시
1. 소요 예산의 조달 가능성 2. 중복 투자의 여부 3. 관련 법규 접촉 여부 4. 실패 위험성 5. 최고 경영층의 지시사항 6. 주요 부서간 갈등 및 분쟁	1. 소요 예상 규모의 적정성 2. 정량적 효과의 크기 3. 정성적 효과의 크기 4. 비용효과분석의 결과 • 투자수익률(ROI) • 순현재가치(NPV) • 투자비용회수기간(Payback Period)

5 5단계 : 실행 및 변화관리

아이디어를 만드는 것은 문제해결의 5%에 지나지 않는다. 아이디어의 좋고 나쁨은 어떻게 실행하는지와 그 결과에 따라 결정된다. 이처럼 실행의 중요성에 대해 누구나 부정하지는 않지만 실제 해결방안의 실행은 자주 실패로 끝난다. 그리고 일시적으로 성공하는 것처럼 보이지만 어느 새 실행 이전 상태로 조용히 복귀하는 사례가 적지 않다. 이것은 조직 구성원들의 무관심이나 기존 시스템의 자체 생존을 위한 끈끈한 저항을 결국에 이겨내지 못해서 일어나는 결과이다.

실행에 실패하는 가장 큰 이유는 해결방안이 부족해서거나 열정과 의지, 리더십이 부족해서가 아니다. 실행하는 동안 동반되어야 하는 인간과 시스템의 복잡하고 미묘한 변화를 제대로 인지하지 못함으로 비롯된다. 따라서 변화관리(Change Management)의 중요성을 강조하는 것이다. 지속적인 변화관리는 누가 해 나갈 것인가?

변화관리의 목적은 문제가 존재하는 현재(As-is) 상태에서 문제가 해결된 미래(To-be) 상태로 전환하기 위하여 필요한 여러 변화를 촉진하고 과도기에 발생할 수 있는 시행착오를 미연에 예방, 진단, 대처하기 위함이다.

변화관리의 목적은 다음과 같다.

구 분	문제를 해결하는 관점에서의 의미
변화의 성공보장	문제해결, 목표달성
변화의 신속한 촉진	신속한 문제해결
변화의 효율적인 추진	소요비용의 최소화

구 분	문제를 해결하는 관점에서의 의미
과도기의 시행착오 및 혼란 방지	해결방안의 원활한 수행과 부작용 예방
변화된 상태의 지속성 보장	문제의 재발 방지
이해관계자 간 갈등 예방 및 조정	조직 구성원간 불필요한 갈등 방지
조직문화의 진취성, 개방성 향상	미래 대응력 향상

변화관리 이론에 있어 이용되는 모델은 변화추진 3단계 모델과 변화수용 4단계 모델이 있다.

1. 변화추진 3단계 모델

조직이 변화하는 단계를 르윈과 샤인(Lewin & Schein)이 변화추진 3단계를 '해빙(Unfreeze) → 이동(Moving) → 재동결(Refreeze)' 세 단계로 제시하고 있다.

1단계는 문제해결에 필요한 변화를 실현하기 위해 기존상태를 해빙(Unfreeze)하고 2단계는 신속하게 변화 조치를 취한 후(move), 3단계인 기존 상태로 복귀하는 것을 방지하기 위하여 변화된 상태를 견고하게 동결한다.(Refreeze)

이 모델은 사전조치와 사후관리를 중시하고 있으며 조직 변화를 위한 실천적 가이드라인을 제시하고 있다.

단계구분	르윈-샤인(Lewin-Schein) 모델
해빙 (Unfreezing)	• 변화 이전(ex ante) - 문제해결 필요성에 대한 공감대 형성 - 조직 구성원의 참여와 동기부여 - 변화에 대한 조직의 수용성을 높이기 위해 동기 유발을 이끄는 단계

단계구분	르윈-샤인(Lewin-Schein) 모델
이동 (Moving)	• 변화 시점 - 문제해결 방안의 실행 - 조직 구성원의 자발적 실천을 독려 - 실제 변화를 위한 행위를 선택하여 시행하는 단계
재동결 (Refreezing)	• 변화 이후(ex post) - 문제가 해결된 상태의 안정적 정착 - 새로운 조직문화 형성 - 변화가 이루어지고 새로운 수준에서 균형이 이루어진 이후 그 상태가 고착화되는 단계

2. 변화수용 4단계 모델

3단계 변화를 추진하는 입장에서 조직의 변화절차를 바라본 것이다. 즉 변화 대상자의 입장을 조명하고 있다. 변화에 대한 수용은 '인지(aware) → 이해(understand) → 수용(accept) → 참여(commitment)' 단계로 진행된다.

단계구분	내 용	예 시
인지 (aware)	감성과 직관, 본능에 의해 변화가 발생할 것이라는 것을 인지한다.	첫 인상은 오랜 시간 지속되고 수용여부에 중요한 요인으로 작용한다.
이해 (understand)	변화가 어떤 영향을 어떻게 발생시킬지 이해한다. 개인적인 이해득실을 계산한다.	두려움이나 공포, 왜곡된 정보는 사실보다 더욱 빠르고 강렬하게 전파된다. 따라서 초기에 변화에 대한 긍정적인 정보를 제공하는 것이 중요하다.

단계구분	내 용	예 시
수용 (accept)	변화를 수용할지 거부할지 갈등한다. 변화의 필요성을 정서적, 심리적으로 수용한다.	변화의 필요성과 시급성을 몇 번이고 반복 강조한다.
참여 (commitment)	변화를 통해 행동을 변화시킨다. 변화를 옹호하고 남들에게 전파한다. 변화의 주체자가 된다.	변화는 이해관계자들의 참여가 중요하다. 조직원의 자발적 참여는 변화의 효율을 증대시킨다.

인간의 유형은 X형과 Y형이 있다. X형의 경우 선천적으로 게으르고, 일하기 싫어하고, 책임지지 않는 성격을 가지고 있는 부류로 엄격한 통제와 관리가 필요하다. Y형은 부지런하고 자발적으로 일을 찾아서 하고, 자신의 행동에 기꺼이 책임을 지는 부류로 자율적인 권한을 부여하고 격려하는 것이 바람직하다. 대부분의 기업, 조직은 X 유형에 근거한 경영 및 평가 시스템을 갖고 있다. Y 유형은 일부 기업에서만 택하고 있다.

그러나 앞서 말한 변화관련 이론들은 Y 유형에 근거한다. 끊임없이 새로운 것을 향해 달려가고 변화하기 위해 노력하는 사람들에게 유용한 이론이다. 사람은 현재 익숙한 상태에 안주하며, 새로운 상태를 바꾸는 것을 원하지 않는다. 특히, 변화 자체가 불확실하거나 모호할 경우에는 무관심을 넘어서 심리적 혐오감을 낳기도 한다. 그리고 변화로 인해 자신이 불이익을 당할 것이라는 판단이 들면 적극적으로 반발과 저항으로 반응한다.

변화를 추진하는 입장에서 가장 힘든 부류는 X형도 Y형도 아닌 부류이다. 중간자적 입장에서 무관심 하거나 관망하는 부류이다. 이들은 누구인지 파악하기도 힘들고 의사소통 기회도 찾기가 어렵고, 자신의 생각을 좀처럼 말하려 하지 않기 때문이다.

변화에 대해 사람들은 5가지 유형으로 분류된다.

① 적극적 반대

② 소극적 기피

③ 무관심 또는 관망

④ 소극적 수용

⑤ 적극적 지지

변화를 거부하는 이유는 무엇일까? 매슬로우(Mawslow)의 '욕구 단계설' 에 의해 그 이유를 분류할 수 있다.

① 1단계 : 생존(Physiological) - 생리적 욕구로 귀찮은 것을 싫어함

② 2단계 : 안전(Safety) - 개인적 안전의 욕구로 기득권을 보호함

③ 3단계 : 소속 및 애정(Belongingness and Love) - 조직과 시스템 옹호

④ 4단계 : 자기존중(Self Esteem) - 변화해야 될 대상인 자신에 대한 부정

⑤ 5단계 : 자아실현(Self-Actualization) - 나의 발전에 도움이 되지 않음

변화를 위해 필요한 핵심성공요인은 무엇인가? 커뮤니케이션, 정보공유, 동기부여, 자발적 참여, 리더십, 성과에 대한 보상 등 다양한 방법론이 거론되지만 이러한 모든 것은 절차나 수단에 지나지 않는다. 변화 프로그램은 활동(activity)이다.

변화가 성공하기 위해 필요한 5가지 핵심성공요인은 다음과 같다.

핵심성공요인	세 부 내 용
변화를 피할 수 없다는 분위기 조성하라	• 위기의식 없이는 변화가 이루어지지 않는다. 자만심과 무사안일주의가 팽배한 조직은 혁신이 불가능하다. – 존 코터(Kotter) 위기의식을 조성하고 변화의 필요성을 전파하는 것이 변화 주체자 또는 최고경영층의 가장 중요한 역할이다. • 수행방법은, – 소통(Communication) – 격려와 지원(Facilitation and support) – 타협(Negotiation and agreement) – 조작 및 유도(Manipulation) – 명시적 또는 암시적 강제(Explicit and implicit coercion)
변화가 바람직하다는 인식을 확산하라	• 변화는 개인, 조직차원에서 가치있는 것이라는 인식을 확신시키고 변화에 대한 비전을 명확히 하여 전사적인 공감대를 형성해야 한다. • 변화에 대한 투입 노력과 성과에 대한 인센티브와 보상을 부여하여 자발적인 동기부여를 제공한다.
본인이 변화의 주체라는 자긍심을 고취하라	• 변화는 자신이 주도하며, 자신에게 선택권이 있다는 느낌처럼 사람의 열정을 북돋아야 한다. 오너십(ownership) 없이는 자발적 참여와 헌신은 있을 수 없다. • 따라서 변화에 대한 관련정보를 공유하고 변화과정의 투명성과 공정성을 확보해야 한다.
변화를 수용할 수 있는 능력을 확보하라	• 변화된 업무를 수행할 수 있는 기술, 지식, 자세와 행동을 갖춰야 한다. • 변화에 대응할 중분한 능력, 역량을 가지고 있지 않으면 시행착오를 겪게 된다. • 의례적, 형식적, 일회성 교육이 아니라 상황에 적합한 실질적 교육 훈련이 이루어져야 한다.
변화된 상태의 신속한 안정화에 주력하라	• 일반적으로 변화를 시행한 후 변화 이전으로 돌아가는 경우가 많다. 이것은 일시적인 변화의 성과는 가져올 수 있으나 실패한 경우이다. • 변화된 상태를 정착시키기 위하여 프로세스의 혁신, 구조개편, 정책수립, 성과관리제도 정비, 시스템 구축 등 가시적인 표준화 작업들이 신속하게 이루어져야 한다.

제 6 장

비즈니스 진단 컨설팅의 진단기법 활용

6

6

비즈니스 진단 컨설팅의 진단기법 활용

비즈니스의 경쟁력

비즈니스의 경쟁력은 평균 이상의 성과를 지속적으로 창출할 수 있는 역량을 말한다. 이러한 역량은 비즈니스 상황에서 경쟁우위(Competitive Edge)에 있기 위해 절대적으로 필요한 것이며 단기적으로 가능한 것이 아니다. 경쟁력은 일회성이 될 수 없으며 지속성(Substantiality)을 가지고 있어야 한다. 즉, 역량은 지속성에 의해 경쟁력을 가지게 된다. 지속적인 경쟁력은 경쟁력 원천에 대한 이론으로 설명한다. 전략 포지션적(Strategic Positioning) 관점에서 외부환경을 중시하는 이론과 자기기반(Resource Based View) 관점에서 내부 환경을 중시하는 이론으로 양분된다.

1. 내부역량

실재로 내부역량을 정확하게 평가하기란 쉽지 않다. 이것은 시장의 검증을 거친 후에라야 비로소 그 가치가 나타나기 때문이다. 기업의 내부역량이 지속적인 경쟁력을 창출할 수 있는 전략적 자원(Strategic Resource)이자 특별한 역량(Distinctive Competence)이 되기 위해 갖춰야 할 조건은 다음과 같다.

기업 및 조직이 내부 역량을 가지기 위해 필요한 6가지 조건은 다음과 같다.

① 경쟁적 우월성(Superior)

② 희소성(Rare)

③ 비모방성(Inimitable)

④ 비대칭성(Non-substitutable)

⑤ 지속성(Durable)

⑥ 전용성(Appropriable)

2. 비즈니스 진단

비즈니스 진단은 해당 기업이 안고 있는 문제를 체계적이고 객관적으로 파악하는 것이다. 그러나 이러한 진단은 다양한 변수에 의해 오해와 오류를 낳을 수 있다. 따라서 비즈니스 진단을 수행할 경우 아래의 사항을 유의하고 잘 이해할 필요가 있다.

① 외부환경 진단으로 시장에서 기업이 직면한 위협과 기회를 파악한다.
비즈니스 진단은 문제뿐 아니라 기회를 발견하는 것이다. 즉, 위협발견과 기회모색이 비즈니스 진단이다.

② 내부환경(내부역량) 진단으로 기업이 처한 환경적 요인에 대한 외부와 내부를 통찰한다.
즉, 외부환경 진단과 내부환경 진단을 동시에 수행해야 한다. 강력한 리더십 등은 특정 내부역량으로 강점이 되기도 하지만 외부환경의 특성에 따라 약점이 될 수도 있다.

③ 진단이 선행되어야 한다. 진단과 처방을 혼동하지 않는다.

진단(Diagnosis)과 처방(Prescription)은 서로 다르다. 특정 처방을 내리고 이것에 끼어 맞추기 진단을 수행하는 경우가 종종 있다. 이것은 잘못이다. 비즈니스 진단은 전략수립이나 개선방안 모색 이전에 별도로 수행되어야 한다.

④ 진단 범위가 현실적으로 타당해야 한다.

진단은 해결할 수 있고, 시급하게 해결할 필요성과 투입된 노력만큼 실익이 있어야 한다. 추상적인 문제는 진단 범위가 불확실하고 너무 많은 문제제기로 실익이 없어 비즈니스 진단에 바람직하지 않다.

비즈니스 진단법으로는 국내외에서 널리 사용되는 16가지 기법이 있다. 이러한 진단기법을 선택함에 있어 신중해야 한다. 이는 선택에 따라 진단의 성공여부가 결정되기 때문이다. 진단은 대상 기업의 특성이나 상황에 따라 날라져야 한다.

3. 외부환경 진단기법

① 거시환경을 분석하기 위한 PEST 분석

② 산업 수익성 분석을 위한 5 Forces

③ 시장동향 분석

④ 시장수명주기(Life Cycle) 분석

⑤ 고객 목소리(VOC)

⑥ 고객중심 혁신지도

4. 내부역량 진단기법

① 7S 모델

② 가치사슬

③ BSC(Balanced Scorecard)

④ CSF(Critical Success Factor)

⑤ 현장의 소리(VOE)

5. 매트릭스 분석기법

① BCG 매트릭스

② 전략적 경쟁위치 매트릭스

③ RMS-ROA 매트릭스

④ IPA 매트릭스

2 외부환경 진단기법

1. 거시환경 분석을 위한 기법(PEST)

PEST 모델은 기업 경쟁력에 영향을 주는 거시적 환경 영역을 정치(political), 경제(economic), 사회(social), 기술(technological) 등 4개의 영역으로 구분한다.

구 분	내 용
정치적 영역 (political)	• 정치제도의 변화와 정치권력의 이동 • 정책의 변화(규제와 지원) • 정치 이데올로기의 변화와 법적 제도화와 입법 동향
경제적 영역 (economic)	• 세계 경기 동향, 국내 경기 동향 및 경제 정책 • 물가동향과 원자재 가격 변화 • 수출입 환율 및 관세의 변화 • 국가간 경제협력조약(FTA)에 대한 변화
사회적 영역 (social)	• 사회구조의 변화, 인구구조 및 분포의 변화 • 교육수준과 의식수준의 변화 • 윤리규범과 관습, 가치관의 변화, 종교 및 예술
기술적 영역 (technological)	• 정보통신 기술의 변화 • 의학의 변화, 생명공학의 기술변화 • 해당 산업의 신기술 개발동향(전방/해당/후방) • 기술 트랜드의 변화

이 모델은 기업이 거시환경, 즉 외부환경의 흐름을 예측하고 전략적 방향을 제시할 수 있는 정보를 제공한다. PEST 모델은 현재의 기회와 위협뿐 아니라 미래의 동향을 예측할 필요가 있으며 그 절차는 다음과 같다.

PEST 모델에 의한 거시환경 진단절차

구 분	내 용
핵심요인 도출	• PEST에 따라 비즈니스 경쟁력에 영향을 미치는 요인을 도출한다. • 기업에 영향을 미칠 수 있는 사건(Event), 동향(Trend)을 파악한다. • 각 항목에 따라 2개씩, 총8개 정도를 도출한다.
현재영향 분석	• 각 요인이 현재 기업에 미치는 영향을 파악한다. • 영향의 크기를 계량화(1~5점) 한다. • 객관성을 높이기 위해 조사대상과 방법을 다양하게 선택한다. 예) 조사대상(경영층,실무자,고객 등), 방법(설문,인터뷰,워크샵 등)

구 분	내 용
미래영향 분석	• 각 요인이 미래에 어떻게 변화할 것인지 예측한다. (성장기-성숙기-쇠퇴기 / 단기-중기-장기) • 기업에 미치는 영향이 높은 인자에 대해 가상 시나리오를 수행한다. - 최상(best case) 시나리오 - 중립(normal case) 시나리오 - 최악(worst case) 시나리오 • 주요 요인간 상화작용을 시스템적 관점에서 파악 - 요인들이 결합하여 새로운 기회를 창출하는가? - 요인들이 결합하여 효과가 상쇄되지는 않는가?
시사점 도출	• 각 요인별로 현재의 영향과 미래의 영향의 차이를 파악한다. 그 차이를 토대로 전략적 이슈와 시사점을 도출한다. • 전략적 이슈의 전개 방법 - 현재 거시환경의 기회와 위협은 무엇인가? - 향후 다가올 기회와 위협은 무엇인가? - 어떻게 대응할 수 있는가?

PEST 모델은 비교적 단순하지만 요인을 분석해 내는 것이 쉽지는 않다. 특히, 경제적, 기술적 영역을 높이는 것이 비즈니스 진단 관점에서 일반적이다. 정치적, 사회적 영역은 생략할 수도 있다. 그리고 현재 상태의 위협과 기회를 발견하는 것에 그치는 것이 아니라 미래의 흐름을 예측하고 위협과 기회가 어떻게 변할 것인지를 통찰하는 것이 필요하다. 그러기 위해서는 풍부한 경험과 전문적인 지식을 갖춘 전문가의 도움을 받는 것이 타당하다. 진단 시 채택한 조사방법, 조사대상자, 조사시점에 대한 언급은 절차적 타당성을 높이기 때문에 꼭 기술하도록 한다.

평가 포인트로는 '중요한 요인을 정확하게 도출했는가? 진단 결과가 내용적으로 타당성과 설득력을 가지고 있는가? 본리의 전개와 표현 양식에서 참신한 아이디어가 있는가?' 등을 꼭 고려해야 한다.

적용 PEST 모델에 의한 외부환경 진단

미용 산업의 변화에 대해 외부환경 요인을 PEST 모델에 의해 분석하고 미래에 전개될 환경의 위협과 기회를 진단한다.

<table>
<tr><th>구 분</th><th colspan="3">내 용</th></tr>
<tr><td>개 요</td><td colspan="3">• 진단업체 : 미용 프랜차이즈 000점
• 업종 : 서비스업, 도/소매업, 교육 및 유통
• 진단목적 : 해당 기업의 경쟁력에 영향을 미치는 외부환경 요인을 PEST 모델에 의해 도출하고 미래에 전개될 외부환경의 위협과 기회를 진단한다.</td></tr>
<tr><td rowspan="5">1단계</td><td colspan="3">• 미래의 변화가 크거나 기업에 미치는 영향이 중대한 요인으로 5개를 선정한다.</td></tr>
<tr><th>정치적 요인</th><th colspan="2">경제적 요인</th></tr>
<tr><td>• 뷰티산업을 국가경쟁력 산업육성
• 뷰티산업진흥법과 독립미용사법</td><td colspan="2">• 고령화 사회
• 중산층의 몰락과 양극화의 심화</td></tr>
<tr><th>사회문화적 요인</th><th colspan="2">기술적 요인</th></tr>
<tr><td>• 미용과련 고학력 소지자 확대
• 산업현장의 인력부족</td><td colspan="2">• 기술변화의 폭이 낮음
• 관련 IT산업의 응용력 세대간 편차</td></tr>
<tr><td rowspan="6">2단계</td><td colspan="3">• 주요 요인별 As-is / To-be 동향을 분석한다.
– 조사방법 : 전문자료 수집 및 발췌 / 외부 전문가 인터뷰</td></tr>
<tr><th>항 목</th><th>현재 상태</th><th>미래 동향</th></tr>
<tr><td>진흥법통과</td><td>이해관계자 대립</td><td>세대의 변화</td></tr>
<tr><td>고령화 사회</td><td>급격한 이동의 단계</td><td>지역중심으로 집중</td></tr>
<tr><td>산업인력 부족</td><td>산업의 미성숙 단계</td><td>자영업 창업 활성화</td></tr>
<tr><td>IT융합산업 낙후</td><td>세대의 변화</td><td>IT에 강한 세대로 전환</td></tr>
<tr><td rowspan="6">3단계</td><td colspan="3">• 차이분석과 시사점 도출</td></tr>
<tr><th>항 목</th><th>현재와 미래의 차이</th><th>시사점</th></tr>
<tr><td>진흥법통과</td><td>개인, 합리적 사고</td><td>이해관계자들 배제</td></tr>
<tr><td>고령화 사회</td><td>소비 구조의 변화</td><td>규모와 상권의 변화</td></tr>
<tr><td>산업인력 부족</td><td>인력의 편중화</td><td>자영업 창업으로 전환</td></tr>
<tr><td>IT융합산업 낙후</td><td>세대간 IT활용 능력</td><td>세대의 변화 예상</td></tr>
</table>

2. 산업 수익성 분석을 위한 기법(5 Forces)

산업의 본질적인 수익성(Profitability)을 위협하는 5개의 위협 세력에 대한 분석이다. 이러한 5개의 위협 세력에 대한 분석은 경쟁사에 비해 상대적으로 높은 경쟁력을 가지기 위한 것으로 이를 극복하기 위한 것은 레드오션(Red Ocean) 전략이라고 한다. 반면, 블루오션(Blue Ocean) 전략은 5개의 위협 세력이 낮은 산업으로 이동하거나 경쟁이 치열하지 않는 시장을 개척하는 것을 말한다.

5 Forces 모델은 큰 사업군이 아니라 한 가지 제품이나 서비스가 존재하는 소규모 산업에 적용하는 것이 바람직하다. 본 모델은 기본적인 개념을 넘어 진단 내용이 구체적이고 깊이가 있어야 한다. 그리고 개별적인 위협뿐만 아니라 그것들이 서로 결합되어 나타나는 전체위협의 크기를 파악할 수 있어야 한다.

산업 수익성 분석을 위한 5 Forces 모델을 수행하면서 주의할 것은 다음과 같다.

① 5 Forces 모델에 적합한 시장을 선택하였는가?

② 위협으로 평가한 내용의 논리와 근거는 타당한가?

③ 진단결과가 현실적으로 설득력이 있는가?

시장에서의 5가지 위협 세력은 다음과 같다.

5 Forces	• 잠재 진입자(Threats of new potential entrants) • 공급처의 교섭력(Bargaining power of suppliers) • 산업내의 기존 경쟁력(Intensity of competitive rivalry) • 고객의 교섭력(Bargaining power of buyers) • 대체재의 위협(Threats of substitutes)

위협 진단을 위한 체크리스트

체계적인 비즈니스 진단을 수행하기 위해서는 5개의 위협세력을 어떻게 파악하고 각 세력별로 어떤 것이 상대적으로 위협적인지에 대한 분석이 필요하다. 이를 위해서 다음과 같은 체크리스트로 위협의 크기를 측정할 수 있다.

5 forces	체크리스트	1	2	3	4	5
신규 진입자의 위협	반경 500m 이내에 관련업종의 수가 많은가?(독과점) 전체 시장점유율 25% 이상을 차지하는 선두 기업이 존재하는가?(독과점 상태일수록 위협이 낮음)					
	규모의 경제 또는 경험 의하여 기존 제품의 제조원가를 감소하고 있는가?(감소할수록 위협이 낮음)					
	연간 신제품의 매출 비율이 10% 이하인가? (신제품 개발이 완만할수록 변동이 작고 신규진입 위협이 낮음)					
	R&D 비용을 매출액의 6%을 관리하고 있는가?					
	고객의 불만에 있어 제품 교체비용이 높은가? (기존 제품을 교체하는 비용이 높을수록 신규진입을 꺼리게 됨)					
	기존 업체 간 동업자 의식과 결속력이 견고한가? (결속력이 높고 보수적 산업일수록 신규 진입이 어려움)					
공급처의 위협	주요 원자재 물량이 10% 이상을 공급하는 단일 공급처가 존재하는가? (대규모 공급처일수록 교섭력이 큼)					
	주요 원자재의 공급처가 이원화되어 있는가? (공급처 수가 적을수록 교섭력이 큼)					
	주요 원자재가 차별적이고 품질이 다양한가? (차별적이고 다양할수록 공급처의 교섭력이 큼)					
	원자재의 대체재를 찾기 어려운가? (대체재가 없을수록 공급처의 교섭력이 큼)					

경쟁자의 위협	시장점유율의 등락폭이 연간 5% 이상인가? (등락폭이 클수록 경쟁과 변동이 치열함)					
	신제품 매출 비율이 총 매출의 20%를 상회하는가? (경쟁이 치열할수록 신제품 매출 비율이 높아짐)					
	경쟁업체 제품들이 표준화, 규격화되어 있는가? (규격화 수준이 높을수록 경쟁 위협이 높음)					
	가격인하, 신제품출시 등 경쟁업체의 움직임을 평소에 주시하고 있는가?					
	우리 기업의 전략적 움직임에 경쟁업체가 민감하게 반응하고 있는가?					
고객의 위협	매출 5% 이상을 구매하는 단일 고객이 존재하는가? (큰손 고객일수록 교섭력이 큼)					
	고객 간 의사소통이 원활하게 이루어지는가? (고객 간 정보공유와 의사소통은 교섭력의 기반임)					
	고객의 제품 교체비용이 낮은가? (교체비용이 낮을수록 우리에게는 위협적임)					
	고객 이탈율이 연평균 10%를 초과하는가? (이탈율이 높을수록 위협적임)					
대체재의 위협	많은 고객들이 인식하는 대체재가 존재하는가?					
	기존 제품과 대체재의 기능차이가 미미한가? (차이가 작을수록 대체 위협이 높음)					
	대체재 가격이 기존제품 가격의 90% 미만인가? (대체재 가격이 낮을수록 대체위협이 높음)					
	대체재로 이동한 고객이 연 10%를 상회하는가? (고객 이동률이 높을수록 위협적임)					
	고객이 대체재를 쉽고 편리하게 구입할 수 있는가? (쉽고 편할수록 위협적임)					

* 점수기준 : 1(Very Low), 2(Low), 3(Moderate), 4(High), 5(Very High)

5 Forces 모델은 외부환경 진단을 위한 대표적인 기법이나 산업의 구조와 범위가 정체되어 있는 것이 아니라 끊임없이 변화해 가는 시스템적 역동성을 간과하고 있고, 기업의 내부 역량이나 경쟁전략의 효율성을 등한시한다는 점 등에서 비판을 받고 있다. 따라서 개별 사업단위의 진단에는 유용하지만 전사적 차원에서 사업 단위들의 상호관계나 시너지 효과를 고려한다면 한계가 있다.

적용 5-Forces 모델에 의한 지역시장 수익성분석

1. 분석대상

① 업체명 : 커피전문점

② 위치 : 강남역 주변(커피전문점 밀집지역)

2. 분석목적

① 5Forces 모델에 의하여 기업의 외부환경 위협요인을 차악

② 위협요인을 알아보고 요인별 미래 동향을 분석

③ 사업의 철수 / 축소 / 유지 / 확장 여부를 판단하기 위한 정보를 수집

3. 1단계 위협요인 도출

① 5개 Factor 별로 위협요인을 도출

5 Forces	• 잠재 진입자(Threats of new potential entrants) – 신규 커피전문점 체인점 진입위협 • 공급처의 교섭력(Bargaining power of suppliers) – 원두커피 재배자 및 수입업체 가격인상 • 산업내의 기존 경쟁력(Intensity of competitive rivalry) – 주변상권 200m 이내에 7개의 커피전문점으로 과다경쟁 • 고객의 교섭력(Bargaining power of buyers) – 가격에 대한 고객들의 반응 • 대체재의 위협(Threats of substitutes) – 주변직장 내 자동 커피머신 설치

② 세력별로 1~2개의 요인을 분석

4. 2단계 위협측정 및 시사점 도출

① 위협요인별로 위협의 크기와 위협극복 방향을 조사

② 조사대상 및 방법 : 커피전문점 전/현직 경영자의 인터뷰 및 전문가의 의견

③ 조사결과를 토대로 사업전략 수립을 위한 시장정보와 시사점 도출

구 분	위협분석	시사점
신규시장 진입자의 위협	스타벅스, 세븐멍키, 커피베네, 톰엔톰스 등의 고급 브랜드의 진입가능성이 매우 높음 신규진입자의 영향은 크지 않은 것으로 사료됨	• 가장 중요한 위협 – 기존경쟁자 – 대체재 • 현재 시장의 수익성과 성장성은 한계에 도달한 상태임 • 가격인상에 대한 저항으로 미래 수익성 점진적으로 악화 예상
공급처의 위협	커피 생산자의 가격인상 요인이 존재하며 생산자간 품질의 현격한 차이가 있음 결속력 약하고 인상폭은 크지 않음	
기존 경쟁자의 경쟁력	주변 500m 이내 잠재고객 8,000명이 존재함 커피전문점 15개, 과다 공급으로 포화상태로 예상됨	

구 분	위협분석	시사점
고객의 반응	임대료, 인건비, 물가상승으로 가격인상이 필요하고, 고객은 신규 대형 브랜드를 선호하는 것으로 현재의 브랜드에 가치에 대해 분석 필요	
대체재의 위협	강남권 사무실내 드롭커피의 직장내 기기 구입으로 전환하는 경우가 많음 기존고객의 일정부분 이탈 예상	

3. 시장동향 분석(MTA, Market Trend Analysis)

시장동향 분석은 고객, 제품, 경쟁사의 전략을 파악하고, 잠재적 위협이나 새로운 사업기회를 포착하기 위한 것이다. 현대의 시장은 IT 및 정보기술의 발달로 글로벌화 됨으로 급속한 변화가 이루어지고 있다. 이러한 변화에서 적절한 대응할 수 있다면 사업성과 향상은 물론이고 미래성장 동력까지 찾을 수 있다. 그러나 때로는 사회경제적 변화가 고객의 가치관, 행동, 라이프 스타일에 미치는 미묘하고 원천적인 영향을 충분히 파악하지 못하는 경우가 있다.

시장동향분석은 현재의 위협이나 문제점보다 미래에 다가올 변화의 흐름을 예상하고 사업기회를 포착하기위한 경우에 유용하다. 그리고 전략적 사고가 요구된다. 현재의 경쟁력 결정요인이 미래에는 어떻게 변화할지? 그 결과 자사에 기회와 위협이 무엇인지 중점적으로 분석한다.

시장동향 분석(Market Trend Analysis)시 주의할 점은 다음과 같다.

① 고객 동향에 대한 심층적 분석이 이루어졌는가?

② 제품동향이 고객동향에 부응하는가?

③ 경쟁력의 결정요인에 관한 동향분석 결과가 설득력을 갖추었는가?

일반적인 시장동향 분석 항목은 다음과 같다.

시장동향 분석항목	1. 고객 • 현재 고객 수 • 잠재 고객 수 • 이탈 고객 수 • 고객의 경제적 수준 • 인구통계학적 특성 • 고객의 사회경제적 특성 • 고객의 라이프스타일 트렌드 • 제품구매 및 이용패턴 2. 제품(서비스 제품) • 가격 • 원가(재료비, 인건비, 관리비, 경비 등) • 제품의 차별성(기술, 가격, 예절, 고객관리, 환경과 위생 등) • 제품의 품질 • 제품의 기능 • 신제품 연구동향 3. 경쟁사 • 범위내 경쟁사 • 경쟁사 규모 • 경쟁사의 움직임 • 시장 경쟁력 결정요인(가격, 품질, 브랜드 등)

고객동향 중, 제품가치에 대한 고객의 인식변화를 중요시할 필요가 있다. 종전에는 가격과 품질이 중요시 되었지만 최근에는 환경에 대한 기업이미지와 사회적 책임까지 중요시 하고 있다. 고객동향 분석 중, 현재고객 보다 앞으로 제품의 구입 가능성을 가진 고객의 정체성과 성향을 파악하는 것이 중요하다.

제품동향은 고객동향과 밀접한 관련이 있다. 가격, 품질, 기능, 이미지 등을 어떻게 전개해 나갈지에 대한 예측이 중요하다. 또한, 롱런하기 위한 신제품 연구개발 및 출시에 대한 동향을 주의 깊게 분석할 필요가 있다.

경쟁사분석은 경쟁사의 강점이 자사의 약점이자 위협이며, 경쟁사의 약점이 자사의 강점이자 기회가 된다. 경쟁사와 차별적 가치를 창출하기 위해서는 단순히 추측이나 직관이 아니라 체계적이고 심층적인 경쟁사 프로파일링(Profiling)을 수행할 필요가 있다. 성공경영을 수행하는 기업이 갑자기 어려워지는 경우가 있다. 이는 경쟁사의 움직임(모방이나 전략적 대응)에 늑장을 부리면서 발생된다. 경쟁사의 벤치마킹을 통한 차별화와 고객가치를 염두에 두어야 한다.

적용 국내 헤어미용실에 대한 시장동향 분석

1. 분석대상

국내 헤어시장 동향분석

2. 분석목적

한국 헤어 뷰티숍의 미래변화를 분석 / 현재와 미래의 차이를 파악

3. 1단계

미래 동향을 파악하기 위한 분석관점 선정(6개 항목)과 세부 분석항목 수립

구 분	내 용
시장규모	• 현 미용시장의 규모 • 향후 시장성장의 가능성 • 시장성장에 영향을 주는 정치, 경제, 사회문화적 요인

구 분	내 용
고객	• 고객의 상품 구입건수 및 구매액 • 기초 통계분석 • 고객 수요의 질적 변화 가능성
서비스 상품	• 상품의 주요기능 • 상품의 기능 확장, 융합, 성장가능성
상품가격	• 상품 가격의 중요성 및 고객 만족도 • 가격인상 및 인하 가능성
경쟁구도	• 기존사업자의 경쟁도와 경쟁구도 • 기존 경쟁구도의 변화 가능성
경쟁력 결정요인	• 현 시장에서의 경쟁력 결정요인 • 기존 경쟁력 결정요인의 변화 동향

4. 2단계

주요 항목별로 현재 상태와 미래 동향을 분석하였다.

① 분석방법 : 관련자료 수집 및 분석 / 외부전문가 인터뷰

구 분	현재상태	미래동향
시장규모	대형화에서 중소형화로 전환	인력문제 등으로 인구 밀집지역으로 집중되며 소형화 전환 예상
고객	고객의 성향 양분화(고가와 저가 선호 고객으로 구분)	합리적인 가격에 신뢰성을 갖는 현명한 고객들의 증대
서비스 상품	수년간 유지되어온 메뉴가 그대로 유지	신규 새로운 메뉴를 만들어 내는 창의적 아이디어 상품 등장
상품가격	지난 10년간 가격 상승이 전무한 상태	물가 및 최저임금 상승폭의 비율만큼 가격에 반영하여 운영, 손익개선

구 분	현재상태	미래동향
경쟁구도	면허의 과다로 창업, 자영업자 수 증대	4~50대에서 30대로 세대의 변화에 따른 이해관계자의 변화 예상
경쟁력 결정요인	기술력에 집중하는 경향	성공핵심인자 8-CSF에 선택과 집중

5. 결론

시장규모의 급성장 예상, 중/저가의 소규모 뷰티샵 창업확대

4. 시장수명주기 분석(MLCA, Market Life Cycle Analysis)

어떤 제품이 출시되어 시장에서 성장하고 생산이 중단될 때까지의 시간적 단계를 수명주기라고 한다. 수명주기 분석은 현재 단계를 파악함으로 다가오는 단계를 준비하고 새롭게 전개될 시장 환경 및 경쟁구조의 변화를 규범적으로 예측하게 한다. 즉, 미래의 기회와 위협을 미리 예측할 수 있다. 시장수명주기는 산업진화(Industry Evolution) 이론에 근거한다. 산업의 수명주기는 도입기(Initiation), 성장기(Growth), 성숙기(Maturity), 쇠퇴기(Decline) 4단계로 진행된다. 각 단계별로 소비자의 성향, 기술수준, 경쟁도, 매출, 순이익 등의 고유한 패턴을 가진다.

수명주기 모델은 현재와 미래시점의 시장구조와 역학을 이해할 수 있는 개념적 프레임워크를 제공한다. 수명주기는 각 단계 고유의 특징적 기회와 위협을 가지고 있으며 기업이 중장기 전략수립을 위한 중요한 시사점을 제시한다. 수명주기 단계별 특징을 고객의 인식과 행동, 경쟁사, 시장 경쟁력 결정요인 등의 관점에서 다음과 같은 특징을 살펴볼 수 있다.

구 분	1단계(도입기)	2단계(성장기)	3단계(성숙기)	4단계(쇠퇴기)
고객	• 신제품 출시 • 신규고객창출	• 재구매 • 고객층 확산	• 반복구매 • 고객층 안정	• 고객이탈 • 보수적 고객잔존
매출과 수익	• 매출저조 • 신제품개발 • 연구개발 • 손익적자	• 매출상승 • 이익증가	• 정체상태 • 이익률 둔화 • 광고비증가 • 가격경쟁치열	• 매출감소 • 이익감소 • 적자상태
경쟁사	• 소수 선도기업	• 경쟁업체 증가 • 경쟁 가속화	• 생산시설 포화 • 경쟁심화 • 경쟁업체수 감소	• 산업구조조정 • 상당수 업체 퇴출
경쟁력 확보 요인	• 신제품 개발 • 신속한 시장침투 • 고객인지 마케팅	• 제품 표준화 • 가격 경쟁력 확보 • 강력한 유통망 • 선기업 벤치마킹	• 품질 차별화 • 기능 차별화 • 브랜드 구축 • 고객 세분화 접근	• 비용절감 저비용 • 내부 효율성 • 고객 이탈방지 • 시장점유율 유지

시장생명주기 분석시 분석은 항상 같은 패턴으로 나타나지 않는다. 서로 다른 패턴이 혼재되어 나타나는 경우가 많다. 매출과 이익이 동반 상승하는 것이 아니라 매출은 증가하지만 이익이 감소하거나 또는 매출이 감소하지만 이익은 증가하는 현상이 발생하기도 한다.

4단계 쇠퇴시점에서 다시 3단계 성숙으로 되돌아오거나 쇠퇴의 조짐 없이 장기간 지속되는 제품도 있다. 오랫동안 인기를 누리고 있는 제품들(과자, 감기약, 휴지 등)이 그 예이다. 나일론 원사 시장에서 보는 것처럼 2단계 성장과 3단계 성숙이 오랜 기간에 걸쳐 반복적으로 순환되는 경우도 있다. 이것은 나이론 소재를 이용한 끊임없는 개발이 지속되었기 때문이다.

1단계에서 4단계로 바로 진입되는 것은 영화나, 장난감 등을 들 수 있다.

그러나 수명주기 모델은 미래변화를 바라볼 수 있는 범용적 프레임 워크로 사용되며, 시장범위가 명확하고 제품이 단순하며, 기술발전이 급속하지 않은 시장일수록 수명주기 모델의 타당성이 높아진다.

수명주기 이론은 시장을 고객이 아니라 제품에 의하여 정의하고 있다. 그리고 고객의 구매횟수가 많고(과자, 음료수 등) 가격이 저렴하며 널리 유통되고 공급처의 영향이 크지 않은 제품에 적용하는 것이 바람직하다. 시장 수명주기를 파악하기 위해서는 전체 시장의 연간 매출액 데이터를 확보해야 한다. 다른 분석 기법에 비해 공식적, 객관적 데이터에 대한 의존도가 높다.

시장수명주기분석(Market Life Cycle Analysis) 주의해야 하는 항목은 다음과 같다.

① 시장 수명주기 분석에 적합한 시장을 선택했는가?

② 근거 데이터가 객관적이고 신뢰할 수 있는가?

③ 미래 예측과 시시점이 내용적으로 타당하고 설득력이 있는가?

적용 **시장 수명주기 분석**

1. 석대상

타박상에 바르는 약품

2. 분석목적

70년대부터 줄 곳 생활필수품으로 인정된 제품이나 현 시점에서 제품의 수명 주기를 파악하여 향후 투자전략 수립에 필요한 기초 정보를 수립하기 위함이다.

3. 수명주기 분석 결과

전체 시장의 매출 규모로 파악한 제품수명주기 분석결과를 그래프로 나타내고 있다.

현재 단계는 성숙기를 지나 쇠퇴기에 진입한 상태이다.

① 향후 5년 이내 현재의 매출 60% 이상 수준으로 감소될 것으로 추정

② 영업이익이 급속하게 감소할 것으로 새로운 대체재를 개발해야 함

③ 고객의 수가 급속하게 감소하고 있으며 새로운 대체 제품이 출시되고 있음 기존 고객인 노년층의 기반이 지속되지 않을 것으로 사료됨

④ 대체상품으로 폭 넓은 세대를 끌어들일 수 있는 신규제품 및 브랜드 이미지가 필요할 것으로 사료됨

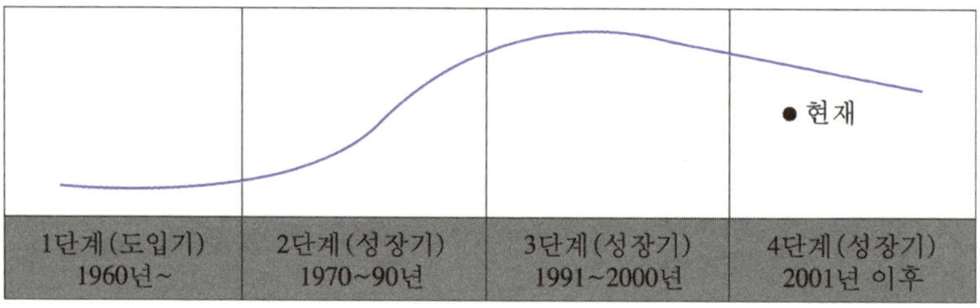

5. 고객의 목소리(Voice of Customers)

고객의 목소리 분석은 고객의 불만사항에 초점을 맞춘다. 고객이 제품을 구매하고 느끼는 문제는 이제까지 모르고 있었던 문제를 발견할 수 있고 표면에 잘 드러나지 않았던 개선의 기회를 모색할 수 있다. 고객의 목소리 분석은 고객의 의견을 파악한다는 점에서 분석적 사고(Analytical Thanking)에 기반하고 있다.

구 분	내 용
고객만족도 조사와는 다르다	• 정량적 측정(고객만족도)이 아니라 정성적인 접근방법 • 고객만족도 조사는 다음과 같은 문제를 가지고 있음 – 낮은 응답률과 신뢰성 – 고객만족도가 높을수록 기업성과가 향상한다는 가설은 실제로 입증되지 않고 있다. – 매번 비슷한 점수가 반복되며 의미 있는 심층정보를 도출할 수 없다.
고객의 목소리는 강력하다	• 고객의 평판은 중요한 성공요인이다. 구전에서 이제는 스마트폰 등으로 그 전파속도가 상상을 초월하고 있다. 고객이 어떤 생각을 하고, 어떤 소문이 나돌고 있는지 예의주시할 필요가 있다. • 품질이 좋고 낮은 가격의 제품이 잘 팔릴 것이라는 시대는 지났다. • 고객의 기발한 의견이나 불만은 때로는 새로운 아이디어를 발굴한 사례가 있다. • 높은 성과의 기업은 낮은 성과 기업에 비하여 고객의 목소리를 직원들과 공유하는 비율이 5배로 높은 것으로 나타났다.
고객이 현장의 문제를 가장 잘 알고 있다	• 고객은 자사의 문제를 정확히 알고 있다. 문제는 고객이 현장에 대한 목소리를 표현하게 하는 것이다. • 우리제품과 경쟁사 제품을 함께 구입하는 스위치(switcher) 고객은 여러 제품들의 강약점을 비교할 수 있는 객관적인 정보를 제공한다.
체계적이고 지속적으로 수행되어야 한다.	• VOC 분석은 본질적인 한계와 취약점을 지니고 있다. – 객관적인 기준이 없어 분석가의 주관적 자의성이 개입들 우려가 있다. – 고객의 목소리는 합리적인 판단이 아니라 일시적으로 표출된다. 그리고 항상 목소리와 행동이 일치하지 않는다. – 고객들의 의견이 일치하지 않으며 상호 모순이 발생되기도 한다. 전체의 보편적인 고객의 니즈를 통합하기가 어렵다. • VOC 분석은 정통적인 비즈니스 진단기법으로 인정하지 않고 일종의 요식 절차로 간주하는 경향이 있다. • 주기적인 분석과 동향파악, 폭넓은 스캐닝(scanning) 등과 분석가의 객관성을 확보한다면 생생하고, 역동적이고 효율적인 진단을 수행할 수 있다.

VOC 분석의 근거논리는 고객의 충성도(Customer Loyalty)에 따라 고객을 세분화 할 수 있다. 손님(Visitor, Buyer), 고객(Customer, Client), VIP, 옹호자(Support, Advocates), 파트너(Partner), 이탈고객 등으로 구분할 수 있다.

파트너는 특별한 애정을 가지고 기업의 일체감을 가진 사람을 말한다. 옹호자는 거래 중에 타인에게 권유한다. 전체의 약 10% 정도를 차지한다. 클라이언트는 전체의 약 30%로 향후 지속적 거래 의사는 있으나 타인에게 권유는 하지 않는다. 바이어는 향후 거래를 할지 불확실하다. 전체고객의 약 50%를 차지한다. 가격에 민감하고 구매 집중도는 낮다. 이탈 가능 고객은 어떤 이유에서든지 구매하지 않을 경향이 있으며 연간 약 10%의 고객이 이탈한다.

최근 Extreme Customer의 분류가 있는데 이들의 특징은 아래와 같다. 이들은 전체 고객의 약 5%, 전체 매출의 약 10%에 지나지 않기 때문에 전체 고객의 목소리로 오해할 수 있는 우려가 존재한다.

- 하나의 특정 브랜드에 집착한다.
- 선호하는 브랜드와 심리적으로 일체감을 지닌다.
- 타인이 자신이 선호하는 브랜드를 비판하면 싸우기 까지 한다.
- 가족이나 친구, 가까운 지인들에게 강력히 추천한다.
- 타 브랜드는 배척하는 경향을 가진다.
- 목소리가 크다. 따라서 고객목소리로 혼동할 수도 있다.

일반적으로 대부분의 고객은 침묵한다. 불만고객의 80% 이상이 귀찮아서 말하지 않는다. 따라서 고객이 적극적으로 의견을 제시할 수 있도록 분석방법을 정교하게 설계할 필요가 있다. 다음으로는 고객의 의견을 체계적으로 분류해야 한다. 분석결과는 비즈니스 진단의 목적에 맞게 간결성과 이해용의성이 높도록 표현한다.

고객의 목소리(Voice of Customers)에 의존한 분석시 주의해야 하는 사항은 다음과 같다.

- VOC 데이터는 잘 드러나지 않던 불만이나 요구사항을 발견하였는가?
- 데이터의 품질은 양호한가?
- 진단결과가 유용한가? 문제나 기회가 발견되었는가?
- 논리 전개와 표현양식에서 독특하거나 참신한 아이디어가 있는가?

적용 VOC 분석

1. 분석대상

기업 홈페이지 이용고객

2. 분석목적

홈페이지 이용고객의 불만과 요구사항을 총체적으로 수집하여, 향후 문제점과 개선방안을 찾고자 고객의 시각에서 현항 문제를 분석하고자 한다.

3. 분석결과

① 조사대상 : 홈페이지 이용자 설문조사
다양한 의견의 체계화하고 데이터화 한다.

- 고객의 의견을 4개 영역에 14개 항목으로 분류하고 고객 질의응답을 통해 데이터화 함

• 14개 항목 중 응답률이 높은 6개 항목을 본 문제 해결을 위한 중점 개선분야로 도출함

4. **분석결과**

구 분	조사항목	응답률(중복가능)	중점개선 항목
정보품질	정보의 정확성(accuracy)이 중요하다	20%	O
	정보의 만족성(completeness)이 중요하다	15%	O
	이해의 용의성(understandability)이 중요하다	5%	
	상용의 편의성(usability)이 중요하다	15%	O
시스템품질	이용시 접속속도 및 장애가 없어야 한다	4%	–
	화면 디자인이 깔끔하여 사용이 편해야 한다	5%	–
	개인정보 보호가 잘 지켜져야 한다	3%	–
	입력 오류 예방/대처 등이 고려되어 있다	2%	–
서비스품질	전문성(reliability)이 있어야 한다	30%	O
	반응신속성(responsiveness)이 있어야 한다	25%	O
	확신성(assurance)이 있어야 한다	20%	O
	개인적 공감성(empathy)이 존재해야 한다	5%	–
기타	잦은 화면 갱신으로 인한 불편은 없어야 한다	7%	–
	고객의 질의에 대해 무응답이 없어야 한다	40%	–

6. 고객중심 혁신지도 (CCIM, Customer Centered Innovation Map)

고객중심 혁신지도는 고객의 목소리를 듣는 것이 아니라 그들이 수행하는 작업에 어떤 제품이 필요하고 어떤 제품을 구입하는지를 분석함으로써 제품의

장, 단점과 고객을 새롭게 지원할 수 있는 기회를 원천적으로 파악할 수 있다. 즉, 고객의 습관을 읽고 무엇을 원하는지 사전에 제품을 내 놓아야 시장에서의 경쟁력을 가질 수 있다.

베넨커트(Bettencourt)와 울위크(Ulwick)는 고객작업을 8단계로 구분하였다. 각 단계별로 고객이 무엇을 원하는지, 왜 수행하는지를 파악할 것을 권장하고 있다.

8단계에서는 목적과 동기를 파악해야 한다. 무엇을 하는가? 왜 하는가? 등의 의문을 제시하다 보면 새로운 기회를 찾을 수 있다. 이를 위해서는 고객에 대한 철저한 이해가 선행되어야 하며, 무엇보다 고객 입장에서 생각해야 한다.

8단계 구분은 절대적인 것이 아니기 때문에 필요에 따라 항목을 추가 삭제할 수 있다.

비즈니스 진단에서 발견되는 문제와 기회의 99%는 별 관심을 받지 못하고 사장된다. 그러나 1%가 큰 변화와 행운을 가져올 가능성이 있다.

본 고객중심 혁신지도에서 주의해야 하는 것은 다음과 같다.

① 고객 작업의 단계구분이 논리적인가?

② 각 단계별로 목적과 동기가 분석 되었는가?

③ 목적과 동기에 부응할 수 있는 참신한 아이디어가 발굴 되었는가?

8단계 구분	작업개요	고객작업예시	발견된 문제와 기회
정의 (Define)	작업목표 설정 수행방법 선택	신규 또는 리뉴얼, 독립창업 또는 프랜차이즈 창업	창업의 효과 비용절감
배치 (Locate)	작업수행을 위한 투입물과 시설확보	자금확보 인테리어 및 기기, 설비준비	모듈화 구입 전문가 도움 필요 비용절감

8단계 구분	작업개요	고객작업예시	발견된 문제와 기회
준비 (Prepare)	투입물과 환경을 작업수행에 맞게 준비	창업장소 선택 시설, 설비물 선택	준비과정 아웃소싱
점검 (Confirm)	모든 준비를 마쳤는지 점검, 재확인	대외 준비상태 점검 대내 준비상태 점검	책임있는 전문가의 관리
실행 (Execute)	작업을 수행	창업 작업진행 개인주도, 컨설팅 주도	일정관리 및 준수 예상치 못한 문제 대처
모니터링 (Monitor)	작업수행 결과를 모니터링	작업상태와 경영자 모니터링	모니터링의 정확성 실시간 피드백
변경 (Modify)	수향결과를 보고 필요한 사항을 변경	필요시 재수정 비상상황 발생 시 긴급조치	비상상황에서의 진단과 대처
완료 (Conclude)	작업을 완료	뷰티숍 완성	지속적인 간접관리 필요

상기 8단계 고객작업지도를 작성한 후, 고객이 겪고 있는 현안 문제를 발견하거나 고객을 지원할 수 있는 새로운 기회를 모색한다. 고객작업지도에서 새로운 기회를 포착하기 위한 체크 포인트는 다음과 같다.

① 이 단계가 다른 단계보다 수행하기 어려운가?
모든 단계를 고객이 수행해야 하는가? 일부를 자동화, 아웃소싱할 수 있는가?

② 이 단계의 수행시간이 많이 소요되는가? 그 이유는 무엇인가?
수행단계를 효율적으로 변경, 재배치할 수 있는가?

③ 이 단계의 정상적인 수행을 방해하는 요인은 무엇인가?
어떻게 해결할 수 있는가? 단계를 수행함에 있어 병목(Bottleneck)은 무엇인가?

④ 이 단계에서 특별히 어려움을 겪는 고객 그룹이 존재하는가?
있다면 그들은 누구인가? 초보자가 전반적인 작업 수행에 어려움을 겪는 이유는 무엇인가?

⑤ 이 단계의 바람직한 성과는 무엇인가? 어떻게 성과를 향상할 수 있는가?
불필요한 투입물이나 산출물이 존재하는가?

⑥ 이 단계에서 사용하는 기존 제품의 문제는 무엇인가?
고객이 언제 어디서 작업하기를 원하는가? 작업시간과 장소를 변경할 수 있는가?

적용 고객중심 혁신지도

1. 분석대상

① 해당기업 : 피부미용기기

② 대상고객 : 피부미용실 경영자

2. 분석목적

피부미용실은 의료용기기로 분리된 기계를 사용할 수 없다. 따라서 현안문제와 개선방향을 고객 시각에서 분석한다.

3. 분석결과

① 조사방법 : 1차 관찰, 2차 인터뷰

② 아이디어 도출방법 : 브레인스토밍

4. 분석결과

8단계 구분	피부관리실 작업개요	발견된 문제와 기회
정의 (Define)	피부관리 진단 및 티켓팅	고객에게 알맞은 건강관리법 추천
배치 (Locate)	베드, 제품, 관리절차, 기구사용 관리방법을 결정	의료기기 사용불가 특별한 관리법 필요 피부관리실 사용기구 필요
준비 (Prepare)	고객 컨디션 확인 관리사, 기구 및 제품 준비	환경과 위생, 접객예절 관리
점검 (Confirm)	준비물 이상여부와 시간 결정	체크리스트 제공 예약 프로그램
실행 (Execute)	피부관리 수행	지루함 해소 청결한 분위기 조성(산소발생기)
모니터링 (Monitor)	관리 상태 모니터링	관리의 효과 데이터 관리 확대경 사용 및 관리법
변경 (Modify)	필요에 따라 중단, 추가 보완	기구사용외 관리법 대처
완료 (Conclude)	샤워 지속적 관리를 위한 홈케어	헝클어진 머리세정, 샴푸대 필요 드라이 기술 필요

3 내부역량 진단기법

1. 7S 모델

In Search of Excellence(저자 Peter and Waterman)에서 기업내부 역량을 7개의 요인(Strategy, Structure, System, Share Value, Skill, Style, Staff) 으로 구분했다. 7개

의 요인으로 조직구조와 문화의 일관성을 정립하는 조직혁신 컨설팅 도구로 널리 사용되고 있다. 7S 모델을 비즈니스 컨설팅에 적용하기 위해서는 각 기업이 가지고 있는 특성과 환경여건에 적합한 분석항목을 도출할 필요가 있다. 비즈니스 진단에서 분석 항목선정은 진단의 결과에 중요한 영향을 미친다. 분석항목은 구체적이고(specific), 유형적이며(tangible), 정량적(quantitative)이어야 한다. 분석항목의 도출과정과 근거의 타당성이 있어야 한다. 즉, 왜 이런 분석항목을 선택했는지 논리적으로 설명이 가능해야 한다.

7개의 요인들에 대한 독립적 분석 이외에도 상호작용 관계에 대한 분석도 중요하다.

구 분	내 용
전략 (Strategy)	• 사업전략의 우수싱(경쟁우위), 효과성 • 사업전략의 인지와 공유 • 사업전략의 명확성과 가능성 * 대부분 사업전략에 대해 내부 조직원들의 인식률은 저조하다. 또한, 사업전략에 대한 긍정적 평가를 하지 못하고 있다.(비신뢰)
조직구조 (Structure)	• 업무 효율에 맞는 조직구조(적정성, 일치성) • 상호 견제할 수 있는 조직구조(발전성) • 변화에 능동적으로 대응할 수 있는 조직구조(유연성)
시스템 (System)	• 사업전략과 실행과제의 일관성, 부합성(alignment) • 업무 프로세스의 표준화, 간소화, 자동화 수준 • 업무 프로세스간 협업화, 동기화, 정보공유 수준 • 커뮤니케이션의(수직/수평) 활성화 수준 • 의사결정의 신속성, 합리성, 투명성, 공정성
공유가치 (Share Value)	• 기업의 사업목적에 대한 비전과 사업전략에 대한 전사적 공감대 • 조직구성원이 공유하는 가치관과 조직문화 • 기업의 진취성, 개방성, 변화지향성,

구 분	내 용
기술 (Skill)	• 제품생산기술(오차율, 불량률, claim율, 재작업률등) • 지적 재산권(특허 출원, 등록건수) • 연구개발능력(신제품개발건수, 양산화 비율, 신제품 매출 비율)
스타일 (Style)	• 경영방침과 조직문화 • 경영층의 리더십 • 성과관리의 합리성, 공정성, 투명성
인적자원 (Staff)	• 노동생산성(labor productivity) • 경영층 생산성(return on management) • 인력채용 수준 • 직원의 교육 및 역량개발 수준

7S 모델로 진단할 경우 주의할 것은 다음과 같다.

① 7개 요인의 세부 분석항목이 적합한가?

② 무엇이 강점이고 약점인지 알 수 있는가? 진단 대상의 강점과 약점이 명확하게 파악되었는가?

③ 논리전개와 표현양식에서 독특하고 참신한 아이디어가 있는가?

적 용 모델에 의한 진단

1. 분석대상

① 업체명 : 마산에 위치한 아이펠마르 미용실

② 위치 : 합성동 위치

③ 업태와 업종 : 서비스업, 미용업

2. 분석목적

① 해당업체의 내부역량 및 경쟁력을 나타내는 분석항목을 도출

② 주위 상권의 경쟁사와 비교(강점 / 약점 진단)

3. 1단계 분석항목 도출

① 도출근거 : 컨설턴트의 의견

구 분	분석항목
전략 (Strategy)	• 점포 위치의 경쟁력 • 차별화 전략
조직구조 (Structure)	• 직원의 권한 • 커뮤니케이션 방법
시스템 (System)	• 고객 접객예절 • 시술의 절차(상담, 진단, 시술)
공유가치 (Share Value)	• 소비자의 브랜드 만족도 • 내부고객의 브랜드 만족도
기술 (Skill)	• 최신스타일 디자인 능력 • 클레임 발생률
스타일 (Style)	• 합리적 가격(가격 만족도) • 정기적 홍보 마케팅
인적자원 (Staff)	• 고객에 대한 미용예절 준수(친절함과 상냥함)

4. 2단계 강점과 약점 구분

① 측정방법 : 전문가의 현장방문 분석

② 분석결과 : 고객 접객예절 등의 미용예절과 시술의 절차(상담, 진단, 시술)에

대한 강점을 가지고 있다. 이러한 강점은 차별화 전략으로 중요하며 합리적 가격 툴을 만들고 직원에게 권한을 정하는 업무분장이 있으면 시장에서의 경쟁력을 확보할 수 있을 것으로 사료된다.

구 분	분석항목	자 사	경쟁사
전략 (Strategy)	• 점포 위치의 경쟁력	3	3
	• 차별화 전략	4	2
조직구조 (Structure)	• 직원의 권한	2	4
	• 커뮤니케이션 방법	2	4
시스템 (System)	• 고객 접객예절	4	3
	• 시술의 절차(상담, 진단, 시술)	4	2
공유가치 (Share Value)	• 소비자의 브랜드 만족도	3	4
	• 내부고객의 브랜드 만족도	3	4
기술 (Skill)	• 최신스타일 디자인 능력	3	3
	• 클레임 발생률	3	4
스타일 (Style)	• 합리적 가격(가격 만족도)	2	3
	• 정기적 홍보 마케팅	1	3
인적자원 (Staff)	• 고객에 대한 미용예절 준수(친절함과 상냥함)	4	3

2. 가치사슬(Value Chain)

1985년 Michael Porter의 저서 경쟁우위(Competitive Advantage)에서 기업의 가치창출 활동을 체계적으로 배열한 가치 시스템(Value system)으로 제시되었다. 가치사슬 활동은 본원적 활동과 지원활동으로 구분된다. 본원적 활동은 제품이나 서비스를 생산하기 위한 직접 활동(자원유입, 생산운영, 물류산출, 마케팅/판매, 서비스 AS 등)을 말한다. 지원활동은 본원적 활동을 간접적으로 지원(자원확보, 기술개발, 인적자원관리, 기업하부구조 등) 하는 활동을 말한다.

가치사슬을 이용하여 기업의 주요 활동을 파악하고 각 활동이 어떤 가치를 창출하고 어떻게 상호작용하는지를 체계적으로 분석할 수 있다. 그리고 수익성을 감안하여 본원적 활동 중 외부업체에 아웃소싱 하는 것을 선택할 수 있다.

본원적 활동	자원유입 (inbound logistics)	생산운영 (operation)	물류산출 (outbound logistics)	마케팅/판매 (marketing &sales)	서비스 (after sale service)	가치 & 수익
지원 활동	기업하부구조(infrastructure)					
	인적자원관리(human capital management)					
	기술개발(technology development)					
	자원확보(procurement)					

제조업체의 가치사슬의 경우, 본원적 활동에는 제품기획(plan) → 자재구매(source) → 생산(make) → 물류(deliver) → 이익환수(return) 등으로 구분한다. 각 단계 활동은 세부 활동으로 나눠진다. 예로 제품기획은 시장조사, 고객니즈 분석, 신제품 설계, 시제품 개발, 생산계획 등과 같이 세분화될 수 있다.

구분							
본원적 활동	제품기획 (plan)	자재구매 (source)	생산 (make)	물류 (deliver)	마케팅 (marketing)	서비스 (AS)	가치 & 수익
지원 활동	재무회계관리						
	인적자원관리						
	연구개발						
	시설관리						

가치사슬에 의한 비즈니스 진단의 장점은 다음과 같다.

구 분	내 용
내부의 강점과 약점을 구분한다.	• 경쟁사가 쉽게 모방할 수 없는 내부 역량이 무엇인지 진단하는 프레임워크다. • 기업의 경쟁력의 원천이 무엇인지, 얼마나 지속가능한지를 객관적으로 이해할 수 있다.(SWOT 분석에 활용가능)
시스템 관점으로 진단을 수행한다.	• 각 활동은 상호 밀접하게 관련성을 가진다. • 기업 경쟁력은 상호연관성에 의해 창출된다. 따라서 협력, 협업, 공유, 동기화 등의 형태로 나타난다. • 효율적 연관성은 경쟁사가 쉽게 모방할 수 없는 경쟁력 원천으로 작용한다.
경쟁사와의 합리적 비교가 가능하다.	• 경쟁사와 Flow를 합리적으로 비교할 수 있다. • 경쟁사와 가치사슬을 비교함으로 자사의 강점, 약점뿐만 아니라 경쟁사의 강, 약점까지 진단할 수 있다.
다양한 용도로 활용한다.	• 자원(input)과 산출물(output)을 대비함으로 활동자체의 생산성을 분석할 수 있다. • 어떤 사업 분야에서 어떤 비즈니스를 수행할 것인지 명시함으로 사업범위와 기업의 정체성을 정의한다. • 핵심 / 비핵심 활동을 구분함으로 전략적 아웃소싱을 가능케 한다. • 자원배분과 조직구조 편성의 근거로 활용한다.

가치사슬을 적용함에 있는 다음과 같은 문제점이 있음을 유의해야 한다. 본 모델은 기업의 활동이 안정적이며 대량생산과 전문화로 규모의 경제를 달성하는 경우에 적절하다. 하지만 최근의 시장은 끊임없이 변화하고 고객의 니즈가 변함에 따라 다품종 소량생산이 이루어지고 있다. 따라서 기업의 활동도 동시다발적으로 전개되고 있다.

가치사슬이 지니고 있는 한계는 다음과 같다.

① 가치사슬 구조가 변하고 있다.

최근 동향은 가치사슬보다 가치 네트워크의 형태로 나타난다.
가치 네트워킹(Value Networking)은 프로세스와 자원을 외부 아웃소싱에 의존하여 가치을 창출하는 모델이다.

② 가치사슬이 끊어지는 경우가 있다.

일부 활동은 아웃 소싱할 경우, 가치사슬이 단절되는 경우가 있다.(예 생산, 물류와 마케팅 등을 아웃 소싱할 경우) 이러한 경우에는 기업의 내부 프로세스뿐만 아니라 외부 공급처 및 협력업체를 연계하는 통합 가치사슬을 구축해야 한다.

③ 눈에 보이지 않는 활동과 지적자산을 간과할 수 있다.

가치사슬은 눈에 보이는 활동으로 지적재산권 등의 중요성을 간과할 수 있다. 경영층의 전략적 의사결정, 자원배분, 전략수립, 부서간 갈등 조정 등을 충분히 반영하지 않고 있다.

④ 전통적 관리회계 시스템과 일치하지 않는다.

개념적으로는 간단하지만 실제 적용하기 위해서는 많은 노력과 시간이 필요하다. 즉, 경쟁사의 내용을 확보하기가 쉽지 않다.
전통적 관리회계는 제품의 기간별 비용을 중시하고 가치 창출의 활동비용을 취급하지 않는다. 따라서 가치창출 활동에 투입된 간접비를 산출하기 어렵다.

가치사슬 진단 시 주의할 사항은 다음과 같다.

① 수행되고 있는 가치사슬 모델이 논리적인가?

② 각각의 항목 프로세스에서 효율성과 강점, 약점이 명확하게 진단되었는가?

③ 진단된 강점과 약점에 있어 진단 과정과 근거가 설득력이 있는가?

적용 가치사슬 모델에 의한 진단

1. 분석대상

① 업체명 : 화장품 생산업체

② 위치 : 경기도 일산 소재

③ 업태와 업종 : 제조업, 도소매업

2. 분석목적

① 해당업체의 가치사슬 프로세스를 정의

② 내부역량 효율을 가치사슬 프로세스로 분석

③ 경쟁업체와 비교하여 상대적 강점과 약점을 진단

3. 1단계 가치사슬 프로세스 정의

① 본원적 활동 / 지원활동

② 분석방법 : 기존자료 유용, 회사 임직원과 상담

<table>
<tr><td>본원적 활동</td><td>제품 기획 개발</td><td>자재 구매</td><td>제품 생산</td><td>제품 물류</td><td>제품 교육</td><td>마케팅 판매</td><td>서비스 (AS)</td><td rowspan="5">가치 & 수익</td></tr>
<tr><td rowspan="4">지원 활동</td><td colspan="7">재무회계관리</td></tr>
<tr><td colspan="7">인적자원관리</td></tr>
<tr><td colspan="7">연구개발</td></tr>
<tr><td colspan="7">제품 품질관리, 마케팅과 홍보</td></tr>
</table>

4. 단계 강점과 약점 진단

① 주요 진단 내용 : 본원적 활동 중, 제품생산 능력과 물류 유통, 서비스 등은 취약하고 제품기획 및 개발에서는 강점을 보임. 지원활동 중, 제품의 마케팅과 홍보에 취약하나 연구개발 및 개발자의 인적자원관리는 우수한 것으로 파악됨

② 2단계 수행결과

가치사슬		약점	평균	강점
본원적 활동	제품기획 개발			O
	자재구매		O	
	제품생산	O		
	제품물류	O		
	제품교육			O
	마케팅/판매	O		
	서비스(A/S)	O		
지원활동	재무회계관리		O	
	인적자원관리			O
	연구개발			O
	마케팅과 홍보	O		

<table>
<tr><td rowspan="2">본원적 활동</td><td>경쟁사</td><td>제품기획 개발</td><td>자재 구매</td><td>제품 생산</td><td>제품 물류</td><td>제품 교육</td><td>마케팅 판매</td><td>서비스 (AS)</td><td rowspan="3">가치 & 수익</td></tr>
<tr><td>자사</td><td>제품기획 개발</td><td>아웃 소싱</td><td>아웃 소싱</td><td>아웃 소싱</td><td>제품 교육</td><td>아웃 소싱</td><td>아웃 소싱</td></tr>
<tr><td colspan="2">지원 활동</td><td colspan="7">재무회계관리
인적자원관리
연구개발
제품 품질관리, 마케팅과 홍보</td></tr>
</table>

3. BSC(Balanced Scorecard)

BSC 모델은 전통적으로 사용되어 오는 ROI, ROA, Earnings per share 등 재무지표(Financial Measures)의 한계를 극복하기 위해 등장하였다. BSC 모델은 1922년 R.S.Kaplan과 D.P.Norton에 의해 소개되었으며, 1966년 적용방법과 사례가 책으로 발간되었다. BSC 핵심내용은 기업의 성과를 재무적인 관점, 내부프로세스적 관점, 학습과 성장의 관점, 고객관점 등 4가지 관점에서 종합적으로 평가하는 것이다.

* 구체적인 평가지표는 기업의 특성, 평가목적에 따라 다양한 평가지표를 사용한다.

재무제표의 손익계산서, 대차대조표 등에 나타나는 재무성과는 기업가치의 일부분만을 반영할 뿐 지적재산권, 브랜드 이미지, 영업권, 기술적 가치 등을 충분히 반영하고 있지 않다. 또한, 재무 지표는 케쉬플로(Cash Flow)를 중시하지만 그것을 창출하는 역량과 프로세스를 설명해 주지 않는다. 빠르게 변해가는 사업환경 속에서 경쟁력을 확보하기 위해서는 지속적인 개선, 변화, 혁신, 미래 대응 능력이 중요하다. 따라서 비재무 지표를 복합적으로 사용해야 한다.

BSC 진단은 프로세스 중심적 사고 지향적 모델로 결과보다 과정을 중시하는 사람들로부터 지지를 받는다. 따라서 재무성과의 부진을 합리화할 수 있어 대부분의 CEO들이 선호한다. 국내외 대부분의 공공조직과 민간 기업에서 채택하고 있어 범용성과 설득력에 힘이 있다. 그러나 단점으로는 4개의 관점이외에 기업의 성과를 반영하는 인적자원, 지적재산권 등의 관점을 설명할 수 없다. 또, 구체적인 지표나 구현방법이 제시되어 있지 않다. 결과를 중요시 하는 사람들에게 인정받지 못한다.

학습과 성장은 소프트 데이터로 눈에 잘 보이지 않고(Intangible), 정성적(Qualitative)인 현상에 관한 데이터다. 4개의 관점 중 가장 해석이 다양하다. 지표 설정 시 ① 미래변화에 적극적으로 대응하고 있는가? ② 신규 비즈니스 기회를 창출하고 있는가? ③ 종업원이 얼마나 많이 배우고 경험하고 있는가? ④ 전사적으로 미래성장 동력을 얼마나 축적하고 있는가? 등을 감안해야 한다.

내부 프로세스적 관점에서는 ① 기존 프로세스 수행시간의 효율성 ② 기존 프로세스 수행 정확성 ③ 프로세스 간 연계, 협업, 동기화 등을 감안해야 한다.

BSC 진단에서 'B, Balanced'의 의미는 4개 항목인 재무 관점, 고객 관점, 내부프로세스 관점, 학습과 성장관점에서의 균형을 의미한다.

• 재무적 성과와 비재무적 성과의 균형
• 단기적 성과와 장기적 성과의 균형

- 내부고객과 외부고객과의 시각에 대한 균형
- 현재와 미래에 대한 균형
- 정적(Static) 성과와 동적(Dynamic) 성과의 균형
- 안정과 성장의 균형
- Shareholders, Customers, Employees 시각의 균형

BSC 진단에서 주의해야 하는 것은 다음과 같다.

① 평가지표는 타당한가? 해당기업의 성과를 충분히 반영하고 있는가?

② 4개 관점의 구분이 명확한가? 서로 중복되지 않는가?

③ 내부역량의 강점과 약점이 명확하게 진단되어 있는가?

적용 BSC 모델에 의한 진단

1. 분석대상

① 업체명 : 치킨집

② 위치 : 서울 강남

③ 업종 : 조리 및 배달

2. 분석목적

① 치킨집 경영의 구체적인 사업성과 지표를 도출한다.

② 현 사업성과와 경쟁력을 종합적으로 평가한다.

③ 평가결과에서 내부역량의 강점과 약점을 진단한다.

3. 1단계 BSC 성과지표 도출

① 4개 관점별로 세부 성과지표를 도출하였다.

② 도출근거 : 해당분야 전문가의 의견, 객관적이고 정량적인 데이터에 의거

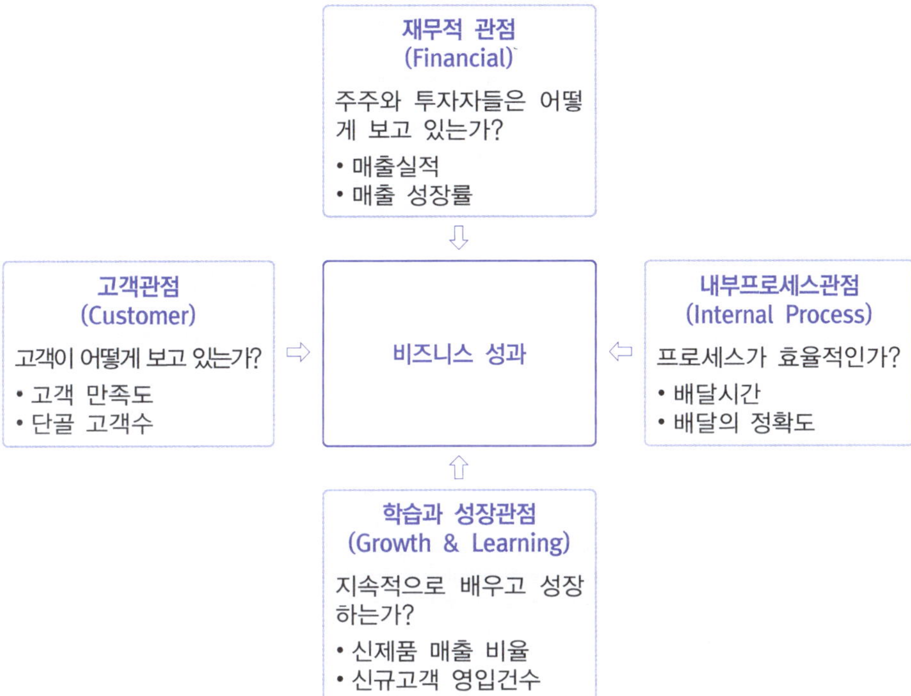

4. 2단계 성과측정

① 4개 관점별로 세부 성과를 지표화하여 측정하였다.

② 성과지표 기준

- 단골고객 : 최근 6개월 이내 월 2회 이상 구매한 고객
- 배달 소요시간 : 주문시간부터 배달시점까지 평균 소요시간
- 재 배달율 : 배달이 잘못되어 다시 배달하는 비율

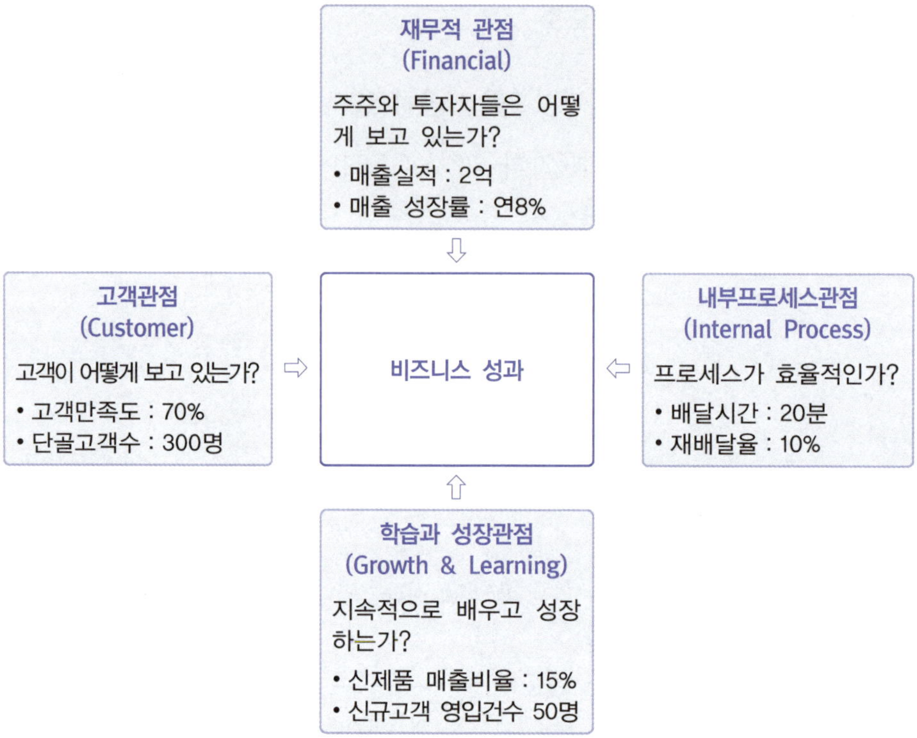

5. 3단계 성과비교 및 진단

① 당해 연도 사업성과를 전년도 실적과 당해 연도 계획에 비교하여 평가하였다.

② 비교기준 : 사업계획, 전년도 실적, 경쟁사

③ 시사점

- 재무적 관점 : 전년도 대비 증가하였으나 사업계획에는 미치지 못함, 하지만 매출이 증대되고 있음으로 지속적 관리가 필요함
- 내부프로세스 관점 : 배달시간은 빨라졌으나 재배달률의 증가로 loss가 발생됨, 경쟁사의 배달시간에 대비 경쟁력이 떨어짐

• 고객관점 : 고객의 만족도가 떨어지고 있고 단골의 수도 줄어들고 있음, 이러한 상황은 기존 단골이 이탈하고 있는 중으로 심각한 문제임

• 학습과 성장 : 신규 고객 영업건수 전년도 대비 감소함은 신규고객의 방문이 적다는 것으로 문제의 원인을 빨리 파악하는 것이 중요함

구 분	성과지표	사업계획	전년도실적	현재실적	경쟁사
재무	매출	3억	1.5억	2억	–
	매출 성장률	15%	20%	8%	–
내부 프로세스	배달 시간	–	25분	20분	18분
	재배달율	–	8%	10%	8%
고객관점	고객 만족도	–	75%	70%	–
	단골 고객수	–	350명	300명	–
학습과 성장	신제품매출비중	15%	15%	15%	10%
	신규고객 영업건수	100명	80명	50명	–

6. 4단계 수행결과

진단 결과를 간단한 시각화를 통해 이해가 쉽도록 하였다.

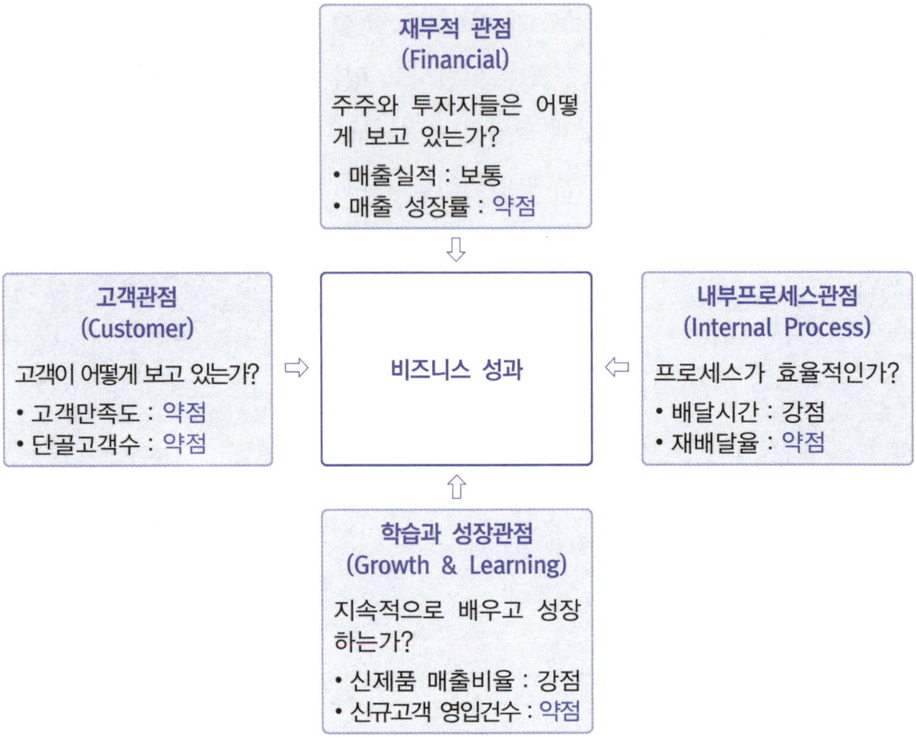

4. CSF(Critical Success Factor)

핵심성공요인은 해당기업이 성공과 경쟁력 향상을 위한 핵심 내부역량이며 목표 달성을 위해 반드시 수행해야 하는 필요 인자이다. '핵심성공인자(CSF)'는 경영자에게 '기업에서 무엇이 가장 필요한가?' 라는 질문에 즉시 떠오르는 당면 현안이나 이슈가 'CSF' 이다. 따라서 'CSF'는 오랜 경륜과 해박한 전문지식, 통찰력 등에서 발현되는 주관적 판단에 의해 결정된다. 절대적인 것이 아니라 상대적인 것이다.

일반적으로 'CSF'의 특징을 살펴보면, 외부에서 주어지는 여건이나 우연히 발생하는 것이 아니라 많은 노력이 필요한 내부 활동요인이다. 기업의 특성이나 경영 스타일에 따라 달라질 수 있다. 따라서 'CSF'는 경쟁사의 인자를 모방할 수 없다. 기업의 정체성을 잃어버릴 수 있기 때문이다.

CSF 분석에서 유의해야 하는 것은 다음과 같다.

① 'CSF'는 가장 중요한 요인이다.

전략적 사고로 중요한 것에 집중한다. 복잡한 문제일수록 가장 중요한 일을 먼저 해라. 나머지는 당분간 생각하지 말라.(피터드러커)

② 'CSF'는 다수가 아니라 소수이다.

일반적으로 3~5개의 요인으로 축소한다. 너무 많은 것은 핵심성공인자라고 할 수 없다. 중요한 일이 세 가지를 넘는다는 것은 중요하지 않다는 의미이다. 세 가지만 생각하라.(짐 콜린스, 스템포드 교수)

③ 'CSF'는 성공을 이끄는 동인이다.

성공에 영향을 주는 요인이며 결과변수가 아니라 원인변수, 독립변수, 필수조건, 동인(Driver) 이라고 부른다.

컨설팅에 있어 'CSF' 설정은 경영진의 정확한 목표를 이해한 후, 컨설턴트가 설정해야 한다. 이는 성공을 어떤 것으로 보느냐에 따라 인자가 달라지기 때문이다.(예 매출증가 : 고객만족 증대(CSF), 고객만족 : 불량감소, 클레임 감소(CSF))

동일한 환경 속에서 경쟁하는 기업 중, 어떤 기업은 성공하고 어떤 기업은 실패한다. 이는 기업의 경쟁력은 외부환경뿐 아니라 내부 역량에 의해서도 결정된다는 것이다. 성공하는 기업의 경우 각자의 차별화된 내부역량을 가지고 있다. 이것이 그 기업이 가지고 있는 성공핵심인자(CSF)인 것이다.

'CSF'의 원천에 대해 Rockart(1979)는 거시환경 특징에 근거한 CSF, 산업 특징에 근거한 CSF, 경쟁구조 특징에 근거한 CSF, 기업의 특성에 근거한 CSF로 4가지를 제시했다.

구 분	내 용
거시환경 특징에 근거한 CSF	• 정치, 경제, 사회, 문화, 기술적 변화에 적극적으로 대응할 수 있는 CSF 예) 고령화 사회를 대비한 핵심인자, 사회적 책임을 수행하기 위한 CSF
산업 특징에 근거한 CSF	• 해당 산업에서 생존하기 위해 반드시 필요한 CSF 예) 자동차 산업 - 규모의 경제를 달성하기 위한 생산설비 - 판매 유통망 - 계열사 간 제품의 품질과 협력적 관계 - 노사문제
경쟁구조 특징에 근거한 CSF	• 시장의 경쟁구조와 경쟁사 움직임에서 도출되는 CSF 예) 경쟁사의 전략에 대한 대응방안 시장 선두기업의 손이 닿지 않는 니치시장 개척
기업의 특성에 근거한 CSF	• 기업의 내부조직을 효율적으로 운영하기 위한 CSF 예) 브랜드 전략 서비스 품질 개선을 위한 기술력 확보 마케팅 역량강화

CSF는 전략수립 과정에서 널리 사용되고 있다. 사업전략의 성공적 수행을 위한 CSF 요인을 도출하고, 도출된 요인을 향상하기 위한 구체적인 실행계획을 수립하는 것이다. CSF는 '소수의 핵심요인'으로 도출되어야 한다.

CSF는 다른 진단기법과 혼용하여 사용할 수 있다. 즉, BSC의 4가지 관점마다 핵심성공요인(CSF)를 도출할 수 있다. 그리고 CSF를 실천하지 않았을 때와 전사적으로 실행했을 때를 시나리오 플래닝을 이용하여 Worst, Normal, Best 별로 결과를 예측해 본다. 이러한 예측 자료는 컨설팅 시, 경영자에게 실행의 중요성을 각인시키는 중요한 자료로 활용된다.

CSF 진단에서 주의해야 하는 것은 다음과 같다.

① 도출된 CSF가 핵심적이고 구체적이고 명확한가?

② CSF 요인으로 강점과 약점의 진단이 타당한가?

③ CSF 요인이 제3자에게 설득력이 있는가?

④ 논리전개에 참신한 아이디어가 있는가?

미용경영컨설턴트협회는 뷰티서비스 산업의 핵심성공인자(CSF)를 '8-CSF'로 규정하고 있다. 첫 번째로는 고객이 인정할 수 있는 차별화된 기술력, 두 번째로 고객이 이해가능한 합리적인 가격, 세 번째로는 고객의 눈높이에 맞는 미용서비스 예절, 네 번째로는 단골고객관리를 위한 고객관계관리, 다섯 번째는 환경과 위생을 기본적 핵심성공인자 '5-CSF'라 한다. 그리고 경영자의 역량과 중장기적 성장을 위한 인자로 여섯 번째 컴퓨터 프로그램 활용, 일곱 번째 인터넷 활용, 여덟 번째 IT 미용융합으로 '3-CSF'를 역량강화 핵심성공인자라고 한다.

적용 CSF 기법에 의한 진단

1. 분석대상

① 업체명 : K병원

② 위치 : 서울 화양리 소재

③ 업종 : 의료서비스 업종

2. 분석목적

① 종합병원으로 성공하기 위해 갖춰야 할 인자를 도출

② CSF에 따른 경쟁력 평가

3. 1단계 CSF 요인 도출

① 인터뷰 대상 : 병원장을 포함한 최고경영진 3인

② 인터뷰 방법 : 서면 인터뷰와 대면 인터뷰 병행

③ 결과 : 인터뷰 대상이 공통적으로 공유하는 5개의 CSF를 도출

CSF 요인	근 거
우수한 의료진 확보	• 경쟁 종합병원의 우수 의료진 확보 필요 • 각 부서별로 간판급 유명 의사 필요
의료분야의 연구 활성화	• 우수 의료진과 기술력 확보를 위해 지속적인 연구지원
최첨단 의료시설 확보	• 의료기기의 발전 속도에 맞는 의료기기, 장비, 시설 도입
고객 서비스 지향적 조직문화 정립	• 고객에게 최고의 서비스를 제공하는 병원 문화 조성

4. 2단계 CSF 요인에 의한 경쟁력 진단

CSF 요인	근 거	경쟁력 평가결과
우수한 의료진 확보	• 경쟁 종합병원의 우수 의료진 확보 필요 • 각 부서별로 간판급 유명 의사 필요	• 거물급 의사 영입 • 의료진 수급 진통
의료분야의 연구 활성화	• 우수 의료진과 기술력 확보를 위해 지속적인 연구지원	• 최대 규모 연구투자 • 의가시적 성과 미흡
최첨단 의료시설 확보	• 의료기기의 발전 속도에 맞는 의료기기, 장비, 시설 도입	• 최첨단 의료기기 투자 1순위 • 최신 수술방식 도입 1순위

CSF 요인	근 거	경쟁력 평가결과
고객 서비스 지향적 조직문화 정립	• 고객에게 최고의 서비스를 제공하는 병원 문화 조성	• 고객만족도 1위 • 서비스품질지수 1위
브랜드 이미지 제고	• 교통의 편의성과 접근성의 장점 • 최고라는 브랜드 이미지 전파	• 역세권 접근성 용이 • 의료기간 브랜드 파워

5. 현장의 소리(VOE, Voice of Employees)

현장 실무자의 시각으로 문제를 발견하고 개선을 위한 아이디어를 발굴한다. 비즈니스 진단의 관점에서 숲 전체를 보는 시각이 아니라 나무 한그루 한그루를 살펴보고 분석하는 사고이다. 실무현장에서 실제로 발생하는 구체적 문제와 사실(Fact) 정보에 의해 진단하는 것이다.

한때 현장경영(MBAR, Management by wandering around)이 강조되고 관심을 모은 적이 있다. 하지만 VOE 진단은 경영층이 직접 현장을 방문하여 점검하고 현장에서 문제 해결을 찾는 것으로 시간적 부담이 만만치 않다. 그리고 최고경영자의 본연의 역할과 임무를 고려할 때 선택과 집중이 적절치 않다는 지적이 있다.

최근에는 정보통신 기술의 발전으로 수많은 현장의 다양한 목소리를 지속적, 체계적, 저비용적, 효율적으로 수집하는 것이 가능해졌다. 따라서 현재 기업에서 채택하고 있는 현장의 목소리 분석 관점은 5가지로 구분할 수 있다.

VOE 분석관점	세부 내용
현장 조직의 적정성	• 업무에 관련된 인력은 적정한가? • 업무분장이 적절한가? • 업무수행에 필요한 권한과 책임이 있는가?
현장과의 커뮤니케이션 수준	• 업무보고나 지시가 효율적인가? • 중복이나 누락이 발생하지 않는가? • 관련부서와의 의사소통이 원활하게 이루어지고 있는가? • 부서내 다른 구성원과 의사소통이 원활한가?
현장 프로세스의 효율성	• 현장업무가 효율적으로 수행되고 있는가? • 개선의 여지는 없는가? • 현장의 불량률, 재작업률 등을 줄일 수 있을까? • 업무 프로세스는 개선할 여지가 있는가? • 업무 프로세스 수행에 필요한 정보기술 장비가 제공되고 있는가?
사업전략의 이해도	• 경영목표와 사업전략을 이해하고 있는가? • 중요성을 인식하고 있는가? • 현장의 업무와 전사적 전략수행이 연계되어 있는가?
현장과 경영층의 인식의 차이	• 현장에서 중요하게 인식하는 당면 현안은 무엇인가? • 경영층의 인식과 현장 의견의 차이는 무엇인가? • 현장에서 경영층에 건의할 사항은 무엇인가?

종업원의 침묵은 현장의 소리분석에서 가장 큰 장애물이다. 그러나 경영층이 생각하는 종업원의 침묵의 원인과 실상을 다르다. 경영층은 종업원의 침묵에 대해 대부분이 다음과 같이 생각한다고 한다. 그러나 실상 현장의 목소리를 통해 분석해 본 결과 경영층이 생각하는 것과 상이함을 알 수 있다.

아래표는 하버드 비즈니스 리뷰 2010년 7/8월호에 실린 현장의 소리에 대한 경영자와 현장의 차이를 나타내고 있다. 'Debunking four myths about employee silent'

경영자의 생각	실 상
여성은 남성에 비해 침묵한다.	성별의 차이는 없다. 여성이 더 당당하다.
비전문직 노동자는 전문직에 비해 침묵하는 편이다.	직위나 소득 수준의 차이는 없다. 높은 직위일수록 몸을 더 낮춘다.
종업원이 침묵하는 이유는 소득이 없고 후환이 두려워서이다.	귀찮아서 말하지 않는다. 자기 시간을 낭비하고 싶지 않다. 이런 종업원이 25%를 차지한다.
종업원과 마음을 열고 대화하면 그들은 솔직해 질 것이다.	50% 이상이 결코 입을 열지 않는다. 상사가 마음을 열었다고 믿지 않는다.
종업원의 침묵은 일상 업무보다 불법적, 비윤리적 문제에 국한된다.	일상적인 업무 문제에 관해서도 입을 열지 않는 종업원이 20%를 차지한다.

4 매트릭스 분석기법

1. BCG 매트릭스

보스턴 컨설팅 그룹(Boston Consulting Group)에서 개발한 매트릭스 기법을 BCG 매트릭스 기법이라고 한다. 기업이 가지고 있는 여러 제품들을 현재의 시장점유율과 성장가능성으로 비교함으로 선택과 집중을 도출할 수 있는 기법이다. BCG 매트릭스는 2×2 매트릭스로 4개 타입으로 구분된다.

(1) Question Mark

현재의 수익성은 낮으나 향후 시장 성장 가능성이 높은 제품으로 투자를 강화하여 Star로 육성하는 전략을 수립할 수 있다.

(2) Star

현재 수익성이 높고, 향후 성장가능성도 높은 제품으로 경쟁사와의 차별화를 통해 경쟁사를 견제하고 시장점유율을 강화하여 수익을 높인다.

(3) Cash Cow

성장 가능성은 낮으나, 현재 시장점유율은 높아 수익성이 높은 제품으로 현상을 유지하면서 확보한 수익을 다른 분야에 투자한다.

(4) Dog

현재 수익성과 시장의 성장가능성이 모두 낮은 제품으로 비용을 절감하고 장기적으로는 시장에서 철수하는 방안을 강구한다.

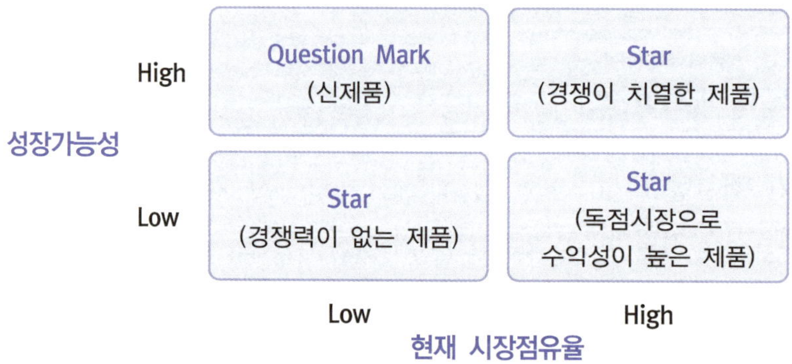

BCG 매트릭스는 1960년 이후 다품종 소량생산으로 다양한 제품을 생산하면서 제품의 비즈니스 포트폴리오를 설정하고 회사의 자원배분을 위한 프레임으로 사용되었다. 하지만 1970년 이후 개념적 취약성으로 BCG 매트릭스 분석은 비판을 받았고 매력을 다소 잃었다.

일반적으로 비즈니스 포트폴리오를 위해 바람직한 매출 분포는 다음과 같다.

- Question Mark : 20%
- Star : 30%
- Cash Flow : 30%
- Dog : 20%

BCG 매트릭스의 의미는 제품생명주기로 해석이 가능하고, 투자전략과 방향을 제시하며, 제품 시장의 특성을 고려한 전사적 전략수행이 가능하다.

BCG 매트릭스 분석의 의의

구 분	내 용
제품 생명 주기로 해석이 가능	• 제품생명주기와 BCG 매트릭스 – 1단계 도입기 : Question Mark – 2단계 성장기 : Star – 3단계 성숙기 : Cash Flow – 4단계 쇠퇴기 ; Dog • 주의할 점은 Question Mark → Dog로 전락하는 경우도 있음 따라서 전략수립과 지속적인 모니터링이 필수
투자전략과 방향을 제시	• Cash Cow의 수익 → Question Mark 투자 → Star 육성 if. Question Mark → Dog 경우, 양도하거나 퇴출 • Star → 경쟁우위를 위해 재투자 → Cash Cow or Star → Question Mark 투자 • 주의할 점은 각 단계에 대한 기준을 명확히 설정해야 한다. 이는 직관적 투자 방향의 설정에 대한 위험을 경감하기 위함이다.
제품 시장의 특성을 고려한 전사적 전략수행이 가능	• 1960년 이전의 경영철학은 기업전략을 모든 제품전략에 적용하였다. 하지만 BCG는 제품 시장의 특성을 고려하였고 기업전략과 제품전략을 결합시켰다. • 미래성장 가능성에 투자의사결정을 지원하고 있다.

BCG 매트릭스는 다음과 같은 취약점을 가지고 있다.

① 시장점유율과 수익성이 일치하지 않는 경우가 있다.
시장점유율이 높을수록 누적 생산량이 증가하고 수익이 향상된다는 것은 일반적인 것이지만 수익성과 시장점유율이 일치하지 않는 경우가 있다. 시장점유율은 높지만 수익성이 낮거나, 시장점유율이 낮지만 수익성이 높은 경우가 있다.

② 시장 성장가능성이 시장 매력도와 일치하지 않을 수 있다.
즉, 성장가능성이 높을수록 경쟁사 난립, 기술발전의 가속화 등으로 매력도가 떨어질 수 있다. 반대로 성장가능성(성장률)이 낮더라도 매력적인 시장이 있다.

③ 여러 제품에 의한 시스템적 시너지 효과를 간과한다.
여러 제품의 조합이나 연관성이 시장가치를 창출하기도 한다. 제품들은 수직적, 수평적 통합을 통해 시너지를 높일 수 있다. 이러한 경우에는 독립 제품으로 분리하여 평가하는 것 보다 제품 간 상호 연관성을 고려해야 한다.

④ 전략적 방향에 대한 착시현상이 발생할 수 있다.
투자 타당성을 검토하기 위해 전략적, 경제적, 정책적, 기술적 타당성을 고려해야 한다. 한계효용 개념을 적용하면, Dog 제품에 투입된 최초의 비용만으로 Star 제품에 투입된 최종 비용보다 더 높은 수익을 창출할 수 있을 경우, Dog 제품을 완전히 포기하는 것은 현명하지 않다.

BCG 매트릭스 분석에서 주의할 점은 다음과 같다.

① BCG 매트릭스 분석에 적합한가?

② X축과 Y축이 현재 수익성과 미래 성장 가능성이 객관성을 지니고 있는가?

③ BCG 매트릭스 분석 결과로부터 강점과 약점, 핵심성공인자를 도출하였는가?

적용 분석 사례

1. 분석대상

① 업체명 : 현대모비스 전장제품

② 위치 : 강남구 역삼동 소재

③ 업종 : 제조업

2. 분석목적

① 자동차 전장제품을 대상으로 BCG 매트릭스를 분석함

② 제품간 경쟁력을 진단하고 전략적 시사점을 도출

3. 1단계

① 데이터 조사방법 : 전년도 매출액 및 중장기 매출계획 기준

② X축(현재 시장점유율), Y축(향후 시장성장률)

4. 2단계 BCG 매트릭스 분석

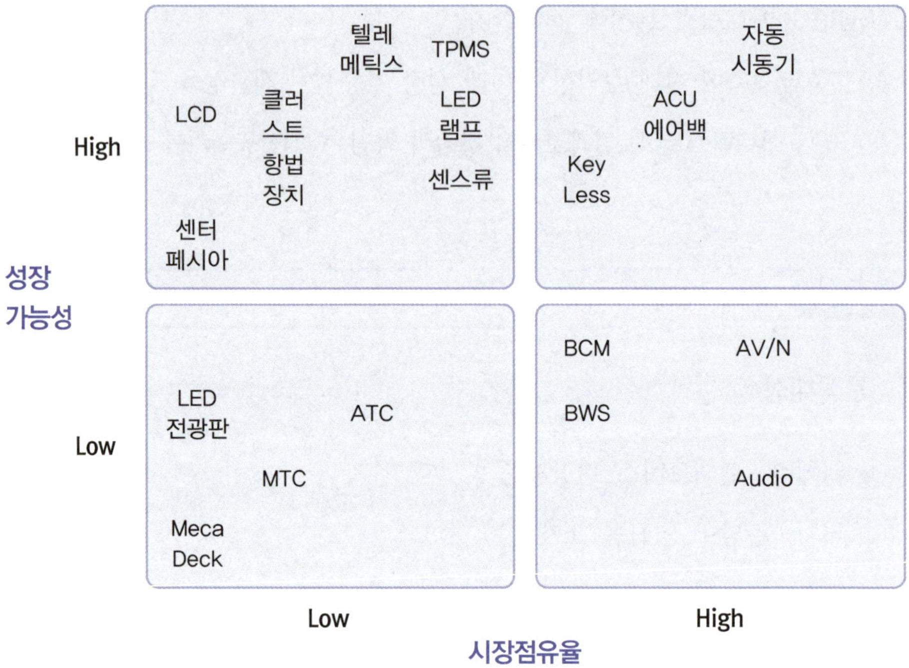

5. 3단계 분석

① 기업의 정보 보안상 전략은 생략

2. SCPM(전략적 경쟁위치) 매트릭스

전략적 경쟁위치 매트릭스는 시장에서 자사가 경쟁사 대비 얼마나 유리한 위치에 있는지를 비교, 분석하는 기법이다. 전략적 경쟁위치 매트릭스의 X축과 Y축의 항목은 고정된 것이 아니다. 시장특성과 산업의 특수성을 감안하여 분석자가 임의로 설정하는 인자이다. 본 매트릭스는 앞서 BCG 매트릭스(제품 경쟁력 비교)와 달리 경쟁사와 비교한다.

전략적 경쟁위치 매트릭스 분석절차는 다음과 같다.

① X축과 Y축의 요인을 선택

경쟁우위를 비교할 수 있는 2개의 요인을 선택한다. 경쟁우위 결정요인의 예로 '제조원가 / 가격, 품질, 신제품 기술개발력, 브랜드 이미지, 영업력, 유통망 등'이며, 뷰티서비스 시장에서는 '기술, 가격, 미용예절, 고객관리, 환경과 위생 등'의 항목이 있다.

② 전략적 경쟁위치 선정

2×2 or 3×3 매트릭스를 선정하고 경쟁사와 자사(해당기업)의 위치를 배열한다.

③ 강점과 약점 분석 및 시사점 도출

매트릭스의 분포에 따라 강점과 약점, 향후 전략을 도출한다.

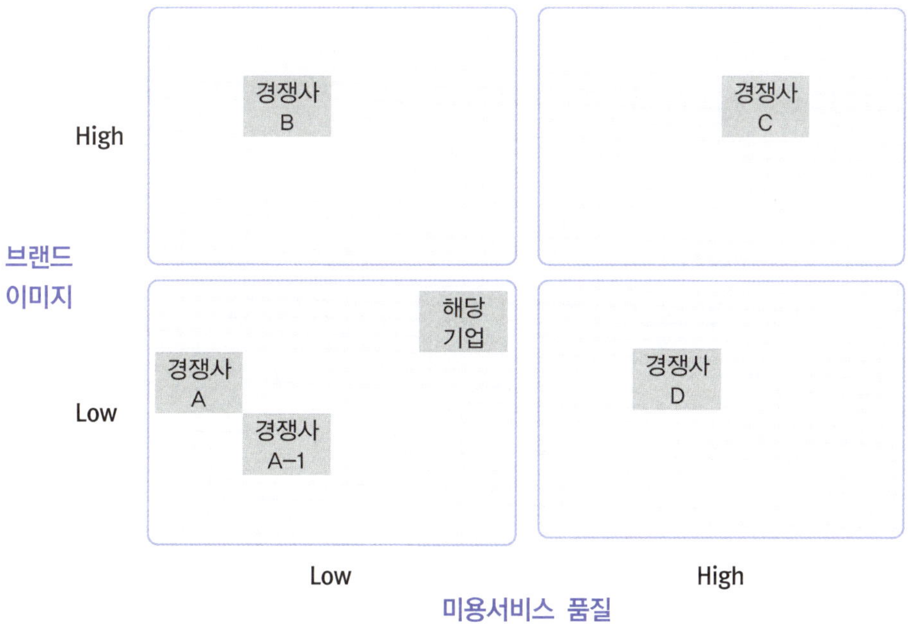

전략적 경쟁위치 매트릭스 분석에서 주의할 것은 다음과 같다.

① 전략적 경쟁위치 매트릭스 분석에 적합한가?

② X축과 Y축의 경쟁력 비교 요인이 적합한가?

③ 현실적으로 의미 있는 결과가 도출 되었는가?

적용 사례연구를 위해 다음과 같은 과제를 수행해 보자

시장의 화장품 회사 브랜드에 대한 전략적 경쟁위치 매트릭스를 작성하고자 한다.

1. 분석대상

① 화장품 회사

② 대상회사

2. 분석목적

① 전략적 경쟁위치를 분석함으로 화장품 시장의 변화를 예측

② 자사의 경쟁력에 대한 객관적 역량을 분석하고자 함

3. 1단계

① 데이터 조사방법

② X축(브랜드 이미지), Y축(미용서비스 품질)

4. 2단계 전략적 경쟁위치 매트릭스 분석과 진단

(아래 표에 현 브랜드 화장품 회사의 위치를 도식화 해보자)

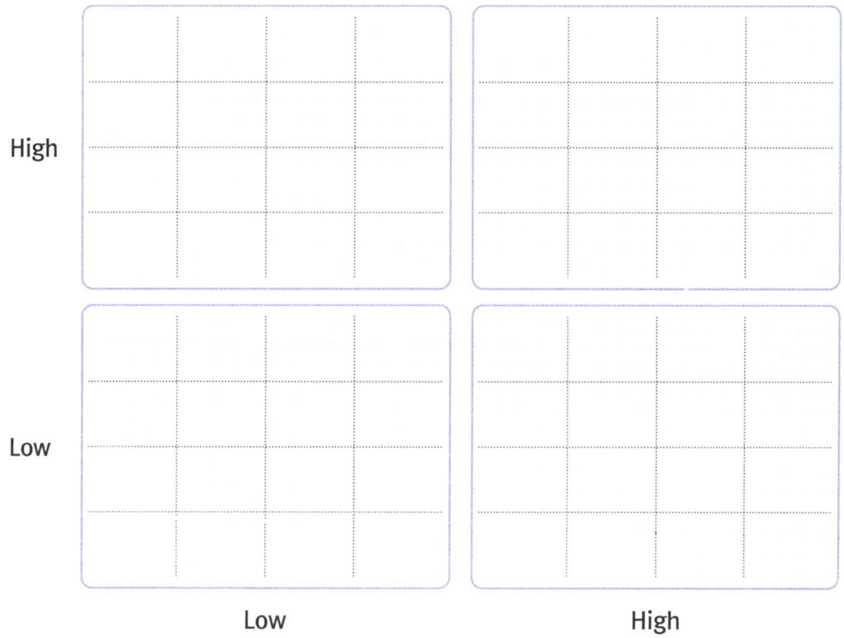

3. RMS-ROA 매트릭스

상대적시장점유율 RMA(Relative Market Share)와 자산수익율 ROA(Return on Assets)를 비교하여 기업의 효율성을 진단하는 기법이다. 일반적으로 RMS가 높을수록 ROA가 높아진다. 시장점유율이 높다는 것은 경쟁사에 비해서 누적생산량이 많은 것이며, 누적생산량이 많을수록 비용이 감소하고 수익이 증가한다. 일반적으로 누적생산량이 2배 증가하면 비용이 20% 정도 감소하는 것으로 알려지고 있다. 비용감소와 수익의 증가는 전문화 규모의 경제, 원자재 비용감소, 자본조달 비용감소, 범위의 경제 등에 의해 이루어진다.

그러나 RMS가 높음에도 불구하고 ROA가 낮다면, 수익을 창출하는 내부 역량이 취약한 탓으로 볼 수밖에 없다. 반면 RMS에 비해 ROA가 높은 기업은 그만큼 효율성이 높은 것이다.

기업의 규모가 클수록 RMS와 ROA는 동반상승하는 경향이 있다. 일반적으로 규모가 큰 기업의 RMS와 ROA 수치는 규모가 작은 기업에 비하여 모두 높게 나온다.

경쟁사와 1 : 1 비교만으로 객관적이고 유용한 진단을 수행할 수 있다. RMS와 ROA 분석은 RMS가 높을수록 ROA가 높아진다는 가설에서 출발한다. 따라서 대기업인 자동차, 조선, 화학, 정유사, 중장비 제조사 등 지속적인 공정이 이루어지고 자본 또는 노동이 집약된 고부가가치 산업에 적합하다.

RMS와 ROA 매트릭스 분석이 적합하지 않는 시장은, 지속적 공정이 이루어지지 않는 서비스 산업, 시장 성장이 완만한 성숙단계에 접어든 시장, 제품이 차별화되어 비용이 각기 다른 시장 등에서는 적합한 매트릭스 진단이 될 수 없다.

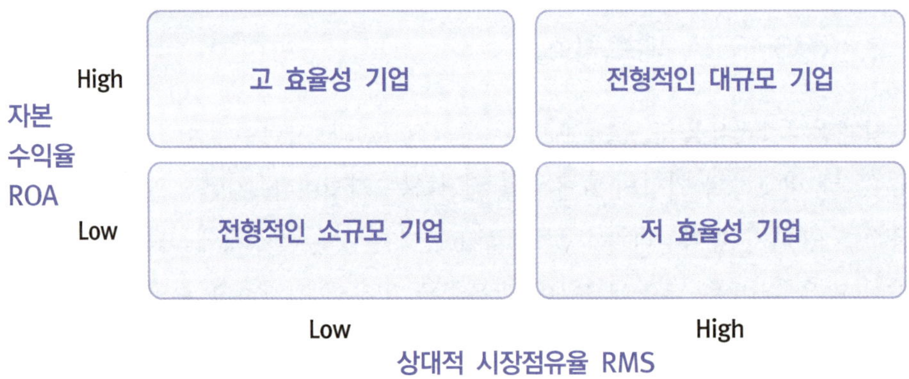

상대적시장점유율(RMS)은 자사의 시장점유율(MS) 경쟁사의 시장점유율(MS)로 나눈 수치이다.

자사의 MS가 60%, 경쟁사 30%일 경우 RMS는 '2'이다.
자사의 MS가 30%, 경쟁사 60%일 경우 RMS는 '0.5'이다.

만약, 1보다 클 경우, 자사가 선두기업에 있을 경우이며, 자사가 1보다 적을 경우, 추격 기업일 경우이다.

RMS-ROA 매트릭스 분석은 실제 정량적 데이터에 근거해야 한다. 그리고 분석 결과로부터 해당기업의 강점과 약점, 전략적 시사점을 도출할 필요가 있다. 당면 현안 문제가 무엇인지는 제시되어야 한다.

RMS-ROA 매트릭스 분석에서 주의할 것은 다음과 같다.

① RMS-ROA 분석에 적합한 사례를 선택하였는가?

② RMS-ROA 매트릭스에서 해당기업과 경쟁사의 차이가 명확하게 나타나는가?

③ RMS-ROA 매트릭스 분석결과로부터 해당기업의 강점과 약점을 알 수 있는가?

적용 RMS-ROA 매트릭스 분석

1. 분석대상

① 손해보험사

② 대상회사 : 현대해상, 동부화재 등

2. 분석목적

① 해당기업의 효율성을 RMS-ROA 매트릭스에 의해 분석, 시장에서 경쟁사와 비교하고 전략적 시사점을 도출한다.

3. 1단계

① 데이터 조사방법 : 각사에서 제공하고, 관련단체에서 수집한 RMS-ROA를 기초로 함

② X축(RMS), Y축(ROA)

4. 2단계 RMS-ROA 매트릭스 분석결과

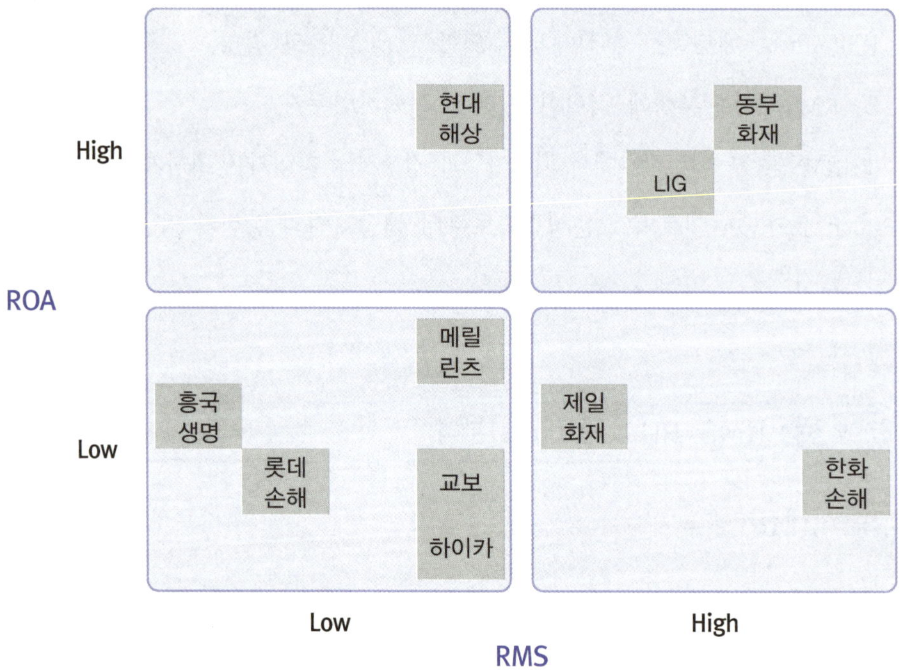

4. IPA 매트릭스

중요도(Importance)와 성취도(Performance)에 따른 2×2 매트릭스로 분석하는 기법이다. IPA(Importance Performance Analysis) 매트릭스는 활용범위가 넓은 편이다. 고객이나 직원 만족도 평가항목, 제품 및 사업라인, 투자 등에 활용된다. IPA 매트릭스는 재무나 마케팅 분야에서 제한된 자원의 효율적인 투자를 위한 포트폴리오 분석 기법으로 사용하고 있다. IPA 진단 기법은 여러 분석 대상들의 분포를 파악하고 개선방향을 찾아내는 수단으로 활용할 수 있다.

(1) 중점투자영역(Concentrate)

성취도는 낮으나 중요도가 높은 영역으로 성과 향상을 위해 집중적 투자가 필요한 영역

(2) 유지강화(Keep up the good work)

성취도와 중요도가 높은 영역으로 성과가 낮아지지 않도록 유지하는 노력이 필요함

(3) 전진적 개선영역(Low priority)

성취도와 중요도가 낮은 영역으로 낮은 성과를 점진적으로 올릴 수 있는 방안을 모색하는 것이 중요함

(4) 현상유지(Possibile overkill)

성취도는 높으나 성과가 낮은 영역으로 현상유지를 위한 관리 활동이 필요함

중요도 (Importance)	Low	High
High	중점투자 영역 (concentrate)	유지 강화 영역 (keep up the good work)
Low	점진적 개선영역 (low priority)	현상유지 영역 (possible overkill)

성과성취도(Performance)

IPA 매트릭스 분석에서 주의할 것은 다음과 같다.

① IPA 매트릭스 분석에 적합한 사례를 선택하였는가?

② X축(성과성취도)과 Y축(중요도)의 요인을 정확하게 측정하였는가?

③ IPA 분석결과로부터 현실적으로 의미 있는 결과가 도출 되었는가?

적용 IPA 매트릭스 분석 사례를 위해 다음과 같은 과제를 수행해 보자

1. 분석대상

① 회사 영업 부분별 제품 라인업

2. 분석목적

① 영업본부 내, 제품별 사업의 중요도와 성취도를 측정한다.

② IPA 매트릭스 분석 결과를 이용, 사업계획 잔영의 우선순위를 결정한다.

3. 1단계

① 데이터 조사방법 : 1년간 사업실적과 성취도를 1 : 1 대화를 통해 도출

② X축(성취도), Y축(중요도) : 사업계획 항목에 따라 각자의 중요도와 성취도를 1~5까지 측정하여 정량값으로 산출. 1(매우중요), 2(상당히 중요), 3(중요), 4(중요하지 않음), 5(전혀 중요하지 않음) 성과 성취도는 담당별로 구분하지 않고 판매된 사업실적에 의거한 데이터를 사용

4. 2단계 IPA 매트릭스 분석과 진단

중요도(Importance)	성과성취도(Performance) Low	성과성취도(Performance) High
High	**중점투자 영역** • 텔레메틱스 강화 • 통합시스템 (시스템 Module)	**유지 강화 영역** • AV/N • BCM • ACU
Low	**점진적 개선영역** • ATC • LED 모듈	**현상유지 영역** • Key Less 송신기 • BWS • SENSOR

• 분석결과

시스템 통합 모듈의 중점 투자 항목을 선정하여 내년도 예산에 반영

적용 IPA 매트릭스 분석

1. 분석대상

① 7개 국가 결핵관리 사업

2. 분석목적

① 결핵관리의 7개 사업의 중요도와 성취도 분석

② IPA 매트릭스 분석에 의하여 투자 우선순위를 결정, 정보를 제공한다.

3. IPA 매트릭스 분석

① 데이터 조사방법 : 중요도와 성취도에 대한 설문조사

② X축(성취도), Y축(중요도)

③ 참여자 : 전국 246개 보건소 결핵관리 담당자

④ 분석결과 : 7개 사업중 2개 사업에 대한 중점 투자가 필요함

중요도 (Importance)		Low	High
	High	**중점투자 영역** • 결핵정보감시체계운영 • 결핵균검사관리 정보시스템 구축	**유지 강화 영역** • 결핵균검사관리 • 결핵관리전문가 교육사업
	Low	**점진적 개선영역** • 주민검진사업 • 크리스마스씰판매	**현상유지 영역** • BCG 백신제조사업

성과성취도(Performance)

• 분석결과

시스템 통합 모듈의 중점 투자 항목을 선정하여 내년도 예산에 반영

과제

다음 항목에 대해 IPA 분석을 수행해 봅시다.

① 뷰티서비스 산업의 직원이 갖춰야 할 자질 항목에 대한 분석
② 뷰티서비스 산업에서 현장 미용실의 홍보 방법에 대한 분석

5. 종합진단

비즈니스 진단은 컨설팅 업체마다 서로 다른 다양한 방법의 종합 진단기법을 가지고 있다. 대부분 이러한 기법들은 기업의 대외비로 공개되지 않고 있으며 간혹, 학계나 전문지에 프레임 워크가 소개되기도 한다. 본 장에서는 이렇게 기본적으로 소개되는 보편적인 기법을 소개한다.

비즈니스 진단은 각 산업의 특수성에 따라 진단 기법의 효율성이 각기 다르다. 따라서 컨설팅을 수행하는 수행자는 현상의 문제를 진단하기 위한 진단기법의 선정에 유의해야 한다.

진단은 처방과 다르다. 진단은 문제와 기회를 찾는 것이다. 그리고 처방은 발견된 문제와 기회를 어떻게 할지 전략수립 컨설팅으로 수행한다. 진단은 여러 문제들이 복잡하게 얽혀 있다. 몇 가지 문제 해결만으로 모든 것이 해결되지 않는다. 이럴 때 가장 근본적인 문제, 원인을 찾아내는 문제해결 능력이 종합 진단기법에서 필요하다.

기업에 대한 경쟁력을 진단한다는 것은 쉽지 않다. 일반적으로 기업의 진단

을 위해서는 팀을 구성하는 것이 바람직하다. 이것은 상당한 시간과 노력, 전문성이 필요하기 때문이다.

본 장에서는 비즈니스 진단에 보편적으로 사용되고 있는 프레임 워크를 소개한다. 이 프레임 워크는 가격과 비용, 시스템, 고객, 경쟁사의 4개의 대분류로 각각의 대분류에 체크포인트인 소분류를 제시한다.

대분류	소분류(체크포인트)	진단내용
가격과 비용	비용과 가격의 적정성	재료비는 적정한가?
		가격이 영업 이익율을 고려하여 산출되었는가?
		가격이 Market Price를 고려하고 있는가?
		재료비, 인건비, 관리비, 비용 등에 따른 비율이 적정한가?
		일 손익분기, 월 손익분기 판매액이 산출되어 있는가?
	비용절감 가능성	비용에 대해 세부적으로 구분되어 관리되고 있는가?
		비용을 감소할 수 있는가?
		비용감소가 가격에 연동되는가?
	Cost 경쟁력	경쟁사에 비해 가격 경쟁력이 있는가?
		경쟁사에 비해 수익구조가 양호한가?
		경쟁사와의 비용, 규모, 가격구조에 어떤 차이가 있는가?
		차이가 나는 것은 무엇인가? 그 원인은 무엇인가?
	Price 경쟁력	고객이 선택하는 이유는 무엇인가?
		가격에 비해 차별화된 것이 무엇인가?
		가격 대비 품질은 최적인가?

<table>
<tr><td rowspan="21">시스템</td><td rowspan="6">제품과 서비스 절차</td><td>서비스 절차는 있는가?</td></tr>
<tr><td>서비스 절차가 경쟁사에 비해 차별화되어 있는가?</td></tr>
<tr><td>제품은 고객이 선호하는 것인가?</td></tr>
<tr><td>제품선정이 경쟁사에 비해 차별화되어 있는가?</td></tr>
<tr><td>서비스 절차를 모든 직원이 실천하고 있는가?</td></tr>
<tr><td>서비스 절차가 모든 손님에게 동일하게 적용되고 있는가?</td></tr>
<tr><td rowspan="5">시스템의 단순화</td><td>제품과 서비스가 지나치게 세분화되어 서비스가 복잡한가?</td></tr>
<tr><td>단순화되어 있으나 차별화가 뚜렷이 구분되는가?</td></tr>
<tr><td>지나치게 복잡한 시스템은 없는가?</td></tr>
<tr><td>지나치게 단순한 제품은 없는가?</td></tr>
<tr><td>시스템이 효율적이고 효과적인가?</td></tr>
<tr><td rowspan="4">조직의 구조</td><td>조직구조가 효율적인가?(지나치게 비대, 복잡하지 않는가?)</td></tr>
<tr><td>의사결정 과정은 효율적인가? 절차별 책임과 역할 평가
의사결정 절차에 결정에 영향을 미치는 '人' 또는 조직 분석(확인, 참여, 동의, 결정 등으로 구분)</td></tr>
<tr><td>조직간, 수직/수평간 의사소통 방법이 규정화되어 있는가?</td></tr>
<tr><td>경영자와 직원간 벡터의 법칙이 적용되고 있는가?</td></tr>
<tr><td rowspan="6">업무프로세스</td><td>업무 프로세스(또는 매뉴얼)가 정해져 있는가?</td></tr>
<tr><td>프로세스별 시간, 작업시간이 정해져 있는가?</td></tr>
<tr><td>고객의 대기시간과 사전정보 제공이 지켜지고 있는가?</td></tr>
<tr><td>품질 불량률, 재 작업률에 대한 관리가 되고 있는가?</td></tr>
<tr><td>업무간 연계가 잘 되고 있는가?
(정보공유, 동기화, 협업화 등)</td></tr>
</table>

고객	시장의 변화	신규 진입자의 위협은 없는가?
		잠재적 위협 요인은 없는가?
		기존 경쟁자의 변화는 예상하고 있는가?
		구매자의 구매력에는 변화가 없는가?
		자사의 생산력, 판매 공급력에는 문제가 없는가?
		* 시장동향분석과 시장생명주기분석, 5Forces 분석 적용
	고객 패턴의 변화	고객의 패턴이 어떻게 변화할지 예측하고 있는가?
		CRM 솔루션 관리가 잘되고 있는가?
		니즈의 변화에 대해 현재와 미래에 대한 분석이 있는가?
		고객을 세분화하고 있는가?
	고객의 구매력	상위 고객 20%에 대한 정보를 가지고 있는가?
		상위 고객에 대한 고객관리를 별도로 수행하는가?
		마니아(인터넷 고객)로 구분되는 고객을 관리하는가?
		고객 재방문율이 산정되고 관리되고 있는가?
		평균 고객의 재방문율은 어떻게 되는가?
		고객의 객단가는 어떻게 되는가? 관리되고 있는가?
경쟁사	경쟁사와의 차별화	경쟁사 대비 어떤 경쟁력을 가지고 있는가?
		자사의 강점과 약점, 경쟁사의 강점과 약점을 알고 있는가?
		* RMS-ROA분석, BSC, 가치사슬 분석

경쟁사의 전략	경쟁사는 어떤 전략을 가지고 있는가? 경쟁사의 제품서비스, 가격, 품질, 마케팅 등의 동향 파악 주변인의 경쟁사에 대한 평가
자사의 경쟁력	자사가 시장에서 어떻게 경쟁하고 있으며, 경쟁사의 반응이 어떠하고, 이러한 전략이 얼마나 효과적이고 유효할지 진단한다. 가격 경쟁력(원가우위 전략), 품질 경쟁력(차별화 전략) * 상황대응전략 SWOT

종합진단기법 결과에 대한 평가기준은 다음과 같다.

① 진단 결과로 기업의 중요한 문제가 진단되었는가?

② 진단 결과가 간결하고 이해 쉽게 표현되었는가?

③ 얼마나 많은 노력과 시간이 투입되었는가?

과제

뷰티서비스 산업에서 진단을 위해 사용되는 기법을 소개하라.

① 현장을 분석, 진단하기 위한 방법의 종합진단기법을 수립하라.
② 뷰티서비스 산업의 발전을 위한 종합진단기법을 수립하라.

뷰티서비스 산업의 종합진단기법

대분류	소분류(체크포인트)	진단내용
기술	기술의 우수성/차별성	기술은 경쟁사보다 우수한지, 차별적 메뉴가 있는지를 점검한다.
가격	가격의 타당성/합리성	가격이 합리적인지, 가격 선택에는 전략이 있는지를 알아본다.
미용예절	미용예절과 고객과의 눈높이	경영자의 예절과 직원의 접객예절이 지켜지고 있는지를 알아본다. 고객가치 접점의 역할에 대해 점검한다.
고객관리	내부/외부고객 CRM	신규고객 또는 기존고객, 내주 직원고객에 대한 관리체계를 점검한다.
환경과 위생	작업환경과 개인 및 시술위생관리	고객가치를 창출하기 위해 위생업소로 타당한지를 점검한다.

제 7 장

기업의 비즈니스 컨설팅 사업전략 구축

뷰티산업 비즈니스 컨설팅 7

7

1 기업의 비전과 미션

2 기업의 사업목적과 경영목표

3 기업의 사업전략

4 시장 경쟁자의 반응에 대한 이해

5 시나리오 플래닝(Scenario Planning)의 이해와 응용

7

기업의 비즈니스 컨설팅 사업전략 구축

기업의 사업전략은 기업이 추구하고자 하는 사업을 정의함으로 기업이 미래에 무엇을 어떻게 할 것인지 단기, 중장기에 해당되는 목표를 제시한다. 기업은 사업의 방향과 범위, 시간을 정의함으로서 기업의 존재를 가지게 된다. 기업의 사업전략 체계는 곧 기업의 전반적인 프레임이라고 이해하면 된다. 전략체계를 구축하기 위해서 기업은 비전과 미션을 정의하고 사업목적과 경영목표를 설정해야 한다. 경영목표는 일반적으로 단기 목표를 말하며 목표 달성을 위해 사업전략을 수립하게 된다.

사업전략은 일반적으로 ① 경쟁우위전략, ② 상황대응전략, ③ 성장지향전략 등으로 구분한다. 수립된 사업을 성공화하기 위해서는 각 해당 분야에 대해 핵심성공인자(CSF)를 설정하고 각 상황별 세부 실행계획을 세워 업무를 수행하게 된다.

아래도표는 기업의 전략체계를 도표화한 것이다.

구 분	내 용
기업의 비전	기업이 추구하고자 하는 가치. What we want to be. - 탁월한 경쟁력, 최고, 최대, 일류, 글로벌 수준 등
기업의 미션	기업이 수행해야 하는 책임과 의무. What we should be. - 윤리, 정직한 기업, 착한기업, 고객감동, 고객가치, 고객만족, 사회공헌, 도덕성 등
사업목적 (단기~장기)	미션을 달성하기 위한 것으로 3~5년(중장기) 이내에 실현하고자 하는 To-be 상태
경영목표	단기적 관점으로 1년 이내에 달성하고자하는 성과 사업계획, 매출계획, 운영계획(생산, 구매, 투자, 조직 등)
기업의 사업전략	1. 경쟁우위전략(경쟁전략) - 원가우위전략 - 차별화전략 - 집중화전략 2. 상황 및 환경대응전략(대응전략) * SWOT 3. 성장지향전략(성장전략)
핵심성공요인	CSF(Critical Success Factor)를 선정
세부실행계획	영역별 KPI(핵심성과지표, Key Performance Indicator)지표 수립 및 실행

기업의 비전과 미션

1. 비전(Vision)

비전은 기업이 미래에 궁극적으로 이루고자 하는 목표이다. 즉, 기업이 존속하기 위한, 기업이 나아가고자 하는 방향을 간결하고 명확하게 정의한 문장이다. 비전이 있는 기업은 비전이 없는 기업에 비해 더 목표 달성을 위한 추진력이 있으며, 일에 대한 책임을 가지고 있다. 구성원들은 비전에 따라 열성적으로 참여하게 되고 기업은 성공 가능성이 크다. 개인의 경우에도 마찬가지다. 비전이 있는 사람은 자신이 하는 일에 강한 매력을 가지고 열정적이며, 행복해한다. 따라서 자신의 미래를 자기 스스로 개척하고자 하는 경향이 크다. 명확한 비전을 가지고 있는 기업은 구성원들의 잠재력을 발휘하여 강력한 동력을 만들어 내고 롱런하는 기업을 만들어 간다. 또한, 그 기업이 험난한 역경에 닥치더라도 어떻게든 해결하고자 하는 노력으로 문제를 해결해 나간다.

비전은 너무 추상적이거나 너무 구체적이 되는 경우 상징적인 사훈이 되고 마는 경우가 많다. 따라서 비전은 조직구성원이 공유할 수 있는 것이어야 한다. 즉, 조직구성원의 공감을 얻어야 하는 것이다. 그렇기 때문에 비전은 최고경영자가 쉽게 만들 수도 있지만 효과를 발휘하는 비전이 되기 위해서는 구성원 전체가 공감할 수 있는 것이어야 한다.

기업의 비전에 대한 일화로, 마이크로소프트의 성공 비결은 행운도 따랐지만 가장 중요한 것은 기업의 비전이 있었기 때문이다. 빌게이츠는 대형 컴퓨터 시대에 모든 가정에 개인용 PC가 있는 황당한 꿈을 키웠기 때문이다. 또한, 애플의 창시자 스티브 잡스는 2011년 10월에 죽었으나, 그는 그의 꿈을 애플의 회사에 그대로 남기고 갔다. 집에만 있어야 PC를 이제 손안에 들고 다니게 되었고, 나를 중심으로 세상을 볼 수 있도록 만들었다. 융합의 창조물에 대한 강한 비전에 대한 집념이 지금의 애플을 만들 수 있었다.

만약, 회사가 성공하고자 한다면 구성원들에게 열심히 일하라고 말하지 말라. 구성원들에게 회사가 꿈꾸고 있는 비전, 추구하고자 하는 꿈을 그들에게 심어 주어라. 그러면 그들은 그 꿈을 성취하고자 노력하며 자신의 일처럼 꿈을 현실로 만들어 나갈 것이다. 눈앞의 바다만을 보면 멀미를 하게 된다. 하지만 멀리 보게 되면 바다는 평온하며 낭만을 전해준다. 기업의 비전은 멀리 바라보는 것으로 현재의 사소한 것에 얽매이지 않게 하는 것으로 전략적 사고를 가능하게 하는 것이다.

기업의 비전이 가치를 가지기 위해서는 다음의 요소를 갖춰야 한다.

구 분	내 용
도덕적 가치를 가지고 있어야 한다.	• 기업의 구성원들에게 개인적 가치가 있어야 한다. • 사회에 공헌될 수 있는 도덕적 가치가 있어야 한다.
지속가능 해야 한다.	• 어떠한 어려움이 닥치더라고 일관된 실행이 가능해야 한다. • 자아실현과 기업성공이 융합되어 있는 것이어야 한다.
미래가 있어야 한다.	• 장기적으로 멀리 보고, 크고 중요한 것을 제시한다. • 회사의 가치를 달성하는 핵심요소를 설정한다.
실현 가능성이 있어야 한다.	• 역량을 최대한 발휘하면 달성할 수 있는 가능한 것이어야 한다. • 모두가 꿀 수 있는 꿈으로 현실이 될 수 있는 허황된 꿈이 아니어야 한다.
기업의 정체성을 확립해야 한다.	• 기업 이미지로 고유의 정체성을 확립할 수 있어야 한다. • 기업 자체의 독특함과 차별성을 가지고 있어야 하며 지속적인 혁신과 성장을 가능케 하는 것이어야 한다.
공감대를 가지고 있어야 한다.	• 조직구성원들의 열정과 에너지를 결집할 수 있어야 한다. • 조직구성원들이 충분히 이해하고 30초 이내에 남에게 설명할 수 있어야 하며, 제3자가 들었을 때 이해할 수 있어야 한다.

CEO에게 필요한 자질의 항목으로는

① 리더십(Leadership)

② 전략(Strategy)수립과 비전(Vision)수립

③ 사람관리(People Management)

④ 운영능력(Operating Metrics)

⑤ 외부와의 교류 및 관계(External Networks)등이 있다.

2. 미션(Mission)

미션은 비전을 달성하기 위한 실행목적이나 지켜야 할 책임을 강조한다. 즉, 기업이 수행해야 하는 책임과 의무로 기업의 가치관과 자세이다. 비전은 기업의 꿈을 이야기 하며 미션은 기업의 소명을 나타내는 것이다. 미션은 비전과 함께 기업의 조직문화를 만들고 조직구성원들에게 동기를 부여해 준다.

비 전	미 션
1. 미래에 기업이 도달하고 싶은 것 2. 기업의 꿈 What we want to be	1. 기업이 수행해야 하는 책임과 의무 2. 기업의 가치관 What we should be
사용하는 용어의 예 • 최고, 최대, 최적 • 글로벌 경쟁력	사용하는 용어의 예 • 고객만족, 고객감동, 고객가치 • 사회공헌 • 사회적 책임(social responsibility)
예) 구글의 비전 전 세계의 정보를 체계화하고 모든 사람이 유용하게 사용할 수 있도록 한다 예) 아이펠마르 비전 한국 뷰티서비스 산업의 발전과 미용문화의 개선	예) 구글의 미션 인간존중과 사생활 보호 예) 아이펠마르의 미션 미용인의 역량을 강화하고 경쟁력을 향상하기 위한 사회적 책임을 수행

2 기업의 사업목적과 경영목표

일반적으로 회사는 중장기 사업계획과 단기 사업계획을 작성하게 된다. 여기서 중장기 사업계획을 사업목적이라 할 수 있으며, 단기 사업계획을 경영목표라고 할 수 있다. 즉, 사업목적은 3~5년 이내에 달성하고자 하는 목표(To-be 상태)를 말하고, 경영목표는 1년 내에 달성하고자하는 구체적이고 정량적인 성과수준을 말한다. 사업목적과 경영목표는 회사의 실천의지를 담은 것으로 사업범위와 영역을 명확히 설정하고 있어야 한다.

사업목적은 35~40자 이내의 말로 작성하여 조직 구성원이 공감할 수 있어야 한다.

경영목표는 1년간의 기간으로 구체적이고 정량적인 목표가 수립되어야 한다.

경영목표 수립에 있어 유의해야 하는 것이 있다. 경영목표는 회사 전체의 조직 구성원들이 전사적으로 수행해야 하는 것으로 부서별, 개인별 업무 목표가 세분된다. 따라서 구성원들이 이해할 수 있어야 하고 그들의 자발적인 참여가 있어야 한다. 왜 해야 하는가? 언제까지 해야 하는가? 어떤 결과를 달성해야 하는가? 등에 대해 명확할 때 조직 구성원들의 힘이 결집되어 큰 효과를 기대할 수 있다.

→ 사업목적의 사례

- 3년 이내의 중국시장 진출과 5년 이내 북미시장 진출
- 5년 이내 전기 자동차의 상용화
- 10만개의 미용실 중 100명의 미용경영컨설턴트가 현장 경영 컨설팅 수행

→ 경영목표의 사례

- 연 매출액 : 1,000억원 달성
- M/S : 30% 달성
- 신제품 수주율 : 80%
- 영업 이익율 : 30% 달성
- 신규고객 확보 : 1,000만명

스타벅스의 Howard Schultz는 사업전략의 조직 구성원들 간 공감에 대해 'CEO가 느끼는 절박한 필요성을 구성원들이 공감하지 못하면 어떤 사업계획이나 목표도 종이쪽지에 불과하다.'고 말했다. 구성원들이 공감할 수 있고 그들의 행동을 움직이게 하기 위해서는 경영목표가 SMART 수준의 타당성을 갖추어야 한다.

경영목표가 목표로서 타당성을 갖추었는지 검증할 경우 다음과 같은 기준을 적용할 수 있다.

⇒ 경영목표의 타당성을 검증을 위한 SMART 모델의 5개 기준

구 분	질 문	세부내용
Specific	설정한 목표가 구체적이고 명확한가?	• 추상적인 용어 제외 • 객관성 존재, 이해 타당성 필요
Measurable	목표 달성도를 측정할 수 있는가?	• 객관적이고 정량적 수치 • 자의성이 배제
Achievable	목표 달성이 현실적으로 가능한가?	• 가능성이 있어야 함 • 현실 타당성
Relevant	목표 달성으로 문제가 해결되는가? 업무 수행과 관련이 있는가?	• 이해당사자들의 업무수행에 연관성 • 업무의 분담의 적절성
Time bound	목표 달성 시점이 명시되어 있는가?	• 목표도달의 달성시점 • 성과의 크기

3 기업의 사업전략

'사업전략'이란 기업의 사업목적과 경영목표를 달성하기 위한 방법이다. 달성 하고자하는 것(What to achieve)을 어떻게 달성할 것(How to achieve)인지에 대해 정의한 것이 사업전략이다. 사업전략은 전사적으로 자원이 분배되고 조직구조를 재편성할 수도 있고 기존의 프로세스를 변경하여 새로운 업무 프로세스를 정립하기도 한다. 사업전략을 수립함으로 회사의 조직 전체가 변경될 수도 있다. 이것은 사업전략으로 조직 구성원들의 방향을 집중하고 노력이 결집될 때 성과를 이룰 수 있기 때문이다.

사업전략은 조직 전체의 경쟁력에 중대한 영향을 미친다는 점에서 주어진 자원을 효율적으로 활용하는 한정적 전술(Tactic)이나 운영(Operation)과 대비된다. 사업전략은 그 목적과 지향하는 바에 따라 다음과 같이 구분된다.

사업전략은 경쟁전략, 상황대응전략, 성장전략으로 구분할 수 있다.

구 분	세부내용	비 고
경쟁전략 (Competitive Strategy)	기존 시장에서의 경쟁우위를 확보하기 위한 전략 1) 기존 경쟁사와 무엇으로 경쟁할 것인가? 2) 시장경쟁력을 어떻게 확보할 것인가?	마이클 포터의 경쟁전략 3가지 1) 원가우위전략 2) 차별화 전략 3) 집중화 전략
상황대응전략 (Situation Strategy)	1. 기업이 처한 상황에 효과적으로 대응하기 위한 전략 2. 외부환경의 기회와 위협에 내부역량의 강점과 약점을 어떻게 활용할 것인가?	SWOT분석 1) SO전략 2) WO전략 3) ST전략 4) WT전략

구 분	세부내용	비 고
성장전략 (Growth Strategy)	회사의 규모적 성장으로 경쟁력 향상을 추구하는 전략 - 방향과 속도에 대한 선택이 필요	4가지 성장전략 1) 신규시장 개척 2) 사업의 다각화 3) 기존 경쟁구조 파괴 4) 기존 시장 확장

마이클 포터의 경쟁전략은 기업을 둘러싸고 있는 다섯 가지 요인에서 시작한다. 기존경쟁자의 위협, 신규 진입자의 위협, 대체재의 위협, 구매자의 구매력, 공급자의 교섭력 등이다. 마이클 포터는 경제 시장을 '전쟁터'로 보았다. 그리고 전쟁에서 이기기 위해 기본전략 3가지를 제시하고 있다. 비용에 있어 압도적 우위를 가진다는 '원가우위전략'(코스트 리더십, Cost Leadership), 상대방의 약점을 찔러 결정적인 장점을 만든다는 '차별화전략', 시장의 역학관계를 변하게 하는 제품의 자본을 집중해서 승부하는 '선택과 집중의 집중화 전략' 등 세 가지 기본 전략 패턴을 제시했다.

1. 시장의 위협 요인에 대한 경쟁전략

(1) 원가우위전략

경쟁전략(Competitive Strategy)이란 시장에서 경쟁력을 확보하기 위한 전략이다. 경쟁사와의 경쟁에서 어떤 방법으로 어떻게 경쟁할 것인지에 대한 전략이다. 지속적으로 경쟁에서 우위를 확보할 수 있는 경쟁전략은 원가우위전략, 차별화 전략, 집중화 전략으로 구분할 수 있다.

원가우위전략(Cost Leadership)은 경쟁사에 대비해서 제조원가, 인건비 등의 비용을 절약함으로 경쟁력을 확보하는 것이다. 모든 회사는 최소의 비용으로 최대의 효과, 최고의 품질 확보를 위해 노력하고 있다. 이것이 바로 회사의 경쟁사와의 경쟁에서 승리할 수 있는 경쟁력이다.

원가우위를 달성하기 위한 비용절감 방법은 다음과 같다.

① 인건비 감소

뷰티서비스업에서의 인건비 배수는 매출액의 3~4배수이다. 제조업에서는 제조원가의 30%를 인건비(서비스업에서는 35~45%)로 보고 있다. 인건비 절감을 위해 회사는 해외공장을 설립하고 가공을 외주화 한다.

② 규모의 경제 달성

제품의 생산이 많을수록 생산비용은 감소하는 것을 말한다. 대규모 시설투자와 대량 생산에 의해 규모의 경제를 달성할 수 있다.

③ 범위의 경제 달성

수평, 수직적 연계를 통해 물류비용이나 사업의 불확실성을 줄일 수 있다. 전, 후 방위 산업을 통합하여 범위의 경제를 달성할 수 있다.

④ 자원 구매력 강화

원자재 비용은 제조원가의 약 40%~60%를 차지한다.(최근 전자회사의 경우 약 80%) 신규 공급선 확대와 공개경쟁 입찰을 통해 재료비를 낮춘다. 기존 공급처와의 관계 강화, 협상력 제고에 의하여 원자재 비용을 절감할 수 있다.

⑤ 프로세스 효율화

업무 프로세스 효율성을 향상하여 비용을 감소할 수 있다. 프로세스의 표준화, 단순화, 자동화를 통해 작업시간을 단축하여 비용을 절감한다. 프로세스간 연계와 협업, 동기화를 통해 비용을 절감한다.

(2) 차별화 전략

차별화(Differentiation) 전략은 타사의 제품과 차별성을 확보하여 경쟁력을 가지는 것이다. 이것은 비즈니스 경쟁력의 주요 결정요인으로 인식되고 있다. 최근에는 유사한 제품, 또는 미용서비스 제품으로는 소비자의 높아진 기대와 정보를 충족할 수 없게 되었다. 수익개선 및 창출을 위해서는 자사의 차별화된 제품, 메뉴가 있어야 하며 이것은 고객으로부터 인정받을 때 비로소 차별화 되었다고 할 수 있다.

차별화 전략을 수행하는 방법은,

① 우수한 품질을 제공해야 한다.

경쟁사의 제품 및 미용서비스 제품에 비해 차별화 되어야 한다.

② 남다른 특수 기능이나 부가가치를 제공해야 한다.

타사에서 찾아볼 수 없는 특별한 기능이나 절차가 있어야 한다.

③ 유통 채널이 확보되어 있어야 한다.

시간을 단축하거나 편의성을 증대시켜 강력한 유통 채널을 구축한다.

(농수산물 직거래, 화장품 회사의 피부관리실 체인점 운영을 통한 제품 직거래)

④ 고유의 브랜드 이미지를 만든다.

- 서비스 혁신을 통한 브랜드 이미지 창출
- 차별화된 브랜드 이미지 유형
  - Veblen(베블런) 효과 : 고가의 제품으로 사회적 지위를 상징
  - Snob(스납) 효과 : 희소성을 통해 남들과 다르다는 가치
  - Hedonist(히드니스트) 효과 : 제품 자체의 미적 아름다움을 강조

(3) 집중화 전략

집중화(Focus) 전략은 틈새시장에서의 기업의 자원과 마케팅 활동을 집중하는 전략이다. 원가차별화 전략은 전체시장을 대상으로 펼치는 전략인 반면 집중화 전략은 자본과 규모, 시설적인 측면에서 약소한 중소기업에 적합한 전략이다. 특히, 뷰티서비스 산업에서는 규모가 영세한 측면이 있기 때문에 이러한 집중화 전략을 활용할 경우 기업의 성과를 높일 수 있다. 모든 고객의 요구를 수용할 수는 없다. 그리고 회사 또한 모든 역량을 가질 수 없다. 이럴 경우 선택하는 전략적 선택이다. 고객 마다 제품에 대한 가치인식, 고객이 가지고 있는 니즈가 다양하다. 따라서 소규모 기업의 경우 이를 모두 만족시킬 수 없다. 기업 고유의 독특한 내부 역량을 보유하고 있는 경우 이를 더 강화하는 전략이다.

집중화 전략을 2가지로 구분하면,

① 원가우위의 집중화 전략 : 타깃시장(틈새시장)에서 저렴한 가격으로 승부할 경우

② 차별화의 집중화 전략 : 타깃시장(틈새시장)의 고객을 대상으로 제품의 차별화를 시도할 경우

집중화 전략은 해당기업이 그 기업의 사업목표와 타당한 틈새시장을 찾아야 한다. 이것이 성공의 열쇠이다. 이때 앞서 배운 미시적(MECE) 사고와 시장 세분화를 통해 목표시장을 도출해 낸다.

고객 세분화 기준을 통한 틈새시장을 찾기 위해 인구 통계적 특성, 사회 경제적 특성, 지리적 특성에 따른 분류, 라이프사이클에 따른 분류, 구매패턴에 따른 분류 등으로 기준을 나눌 수 있다.

고객 세분화 기준

구 분	세부내용	비 고
인구 통계적 특성에 따른 분류	1. 성별(남, 여) 2. 연령(선호도가 상이, 노령-의료 및 건강) 3. 미혼과 기혼의 수 4. 가족의 수	
사회 경제적 특성에 따른 분류	1. 소득수준(여가를 즐기는 패턴이 상이) 2. 직업의 종류(서비스 활용 시간이 상이) 3. 교육의 수준 4. 종교의 분포 5. 사회적 계층의 분류 6. 인종(한국의 경우 이국인 노동자 등)	
지리적 특성에 따른 분류	고객의 거주 지역에 따른 선호도 1) 국내, 해외 2) 농촌, 도시 3) 수도권, 위성도시, 지방 4) 내륙지역, 항구도시, 섬지역	
라이프사이클에 따른 분류	1. 취미 2. 성격(내성적 성향은 인터넷의 활용도 높음) 3. 가치관(행동 성향과 상황에 따른 태도 결정)	
구매패턴에 따른 분류	1. 이용빈도(high / moderate / low group) 2. 이용심도 1) 필수적으로 이용해야 하는 것(헤어, 의약품) 2) 선택적으로 이용할 수 있는 것(피부, 네일, 커피) 3. 가격 민감도 1) 낮은 가격을 선호하는 고객(가격에 민감) 2) 고품질, 차별화 기능을 찾는 고객(가격 민감도 낮음) 4. 고객가치의 인식차원 1) 가격 2) 성능 3) 품질 4) 고급 또는 차별화 이미지 5) 고객 서비스	

5. 고객충성도
   1) 신규
   2) 고객(customer, client)
   3) VIP
   4) 옹호자(advocates)
   5) 파트너(partner)
   6) 이탈고객

2. 다양한 상황에 대응하기 위한 상황대응 전략

상황대응 전략은 기업이 처한 상황에서 주어진 상황을 효율적으로 대응하기 위한 전략이다. 기업의 사업 환경은 끊임없이 변화하고 발전한다. 이러한 변화에서 기업은 유연한 상황 대응이 필요하고 즉각적인 수행이 필요하다. 보편적으로 성공하지 못하는 기업의 경우 사전 예방책의 부제 외에 문제가 발생된 상황에서 즉각적인 대응을 못함으로 일어나는 경우가 대부분이다. 따라서 기업은 상황대응 전략으로 매트릭스 분석기법의 하나인 SWOT(Strong, Weakness, Opportunity, Threat) 기법을 사용하고 있다. 특히, 미용서비스 산업 분야의 컨설팅에는 쉽고 간결하게 환경을 분석하여 기업이 처한 상황을 거시적인 차원의 외부 환경과 미시적 차원의 내부역량으로 구분하여 요인(Factor)을 조사하고 강점과 약점, 기회와 위협요인을 구분하여 전략을 수립할 수 있어 유용하게 사용되고 있는 기법이다.

SWOT 분석과 전략수립 방법은 Ken Andrew가 최초로 제시했으며 이후 현대 경영철학 및 조류에 맞게 진화한 상황대응 전략 모델이다.

① Y축은 외부환경의 기회와 위협으로 구분한다. 기회와 위협에 대한 진단기법은 PEST, 5 forces 등 외부환경 진단기법에 의하여 도출한다.

② X축은 내부역량의 강점과 약점이 배열되어 있다. 강점과 약점의 진단기법으로는 7S, Value chain 등으로 도출한다.

③ 외부환경의 기회와 위협의 상황에서 내부역량의 강점과 약점으로 대응하는 4가지 전략적 선택(Strategic option)을 선택한다.

④ 기업의 특성상 약점이 없을 경우, 반드시 문제를 도출할 필요는 없다. 이럴 경우 약점이 될 만한 가능성에 대해 사전 예방적 차원에서 접근해도 된다.

⑤ SO, ST, WO, WT 전략을 반드시 동시에 수립하고 동시에 수행할 필요는 없다. 제일 중요한 것은 도출된 전략들의 전사적 일관성을 확보하는 점이다. 일반적으로 SO전략은 공격적 전략으로 WT전략은 방어적 전략으로 서로 상이하기 때문에 서로 충돌하지 않도록 해야 한다.

구 분	강점(Strength)	약점(Weakness)
기회 (Opportunity)	SO 전략 • 강점으로 기회를 적극 활용한다.	WO 전략 • 외부 기회에 편성하여 약점을 보완한다. • 약점을 보완하여 기회를 활용한다.
위협 (Threat)	ST 전략 • 강점으로 외부 위협을 극복하거나 기회로 전환한다.	WT 전략 • 위협과 약점을 동시에 극복하는 방법을 찾는다. (예 : 사업철수, 상쇄 등)

SWOT 모델은 널리 사용되고 있지만 많은 비판도 제기되고 있다. SWOT 모델의 장점과 단점을 알아본다.

① 장점

㉠ SWOT기법은 기업, 사업라인, 기능부문, 프로젝트 등 다양한 대상에 적용할 수 있는 범용성을 가지고 있다.

㉡ 모델이 쉽고 간결하다. 통제할 수 없는 외부환경과 통제 가능한 내부역량을 알아냄으로 비즈니스 컨설팅의 진단 및 전략수립의 타당성을 높게한다.

㉢ 간단하게 분석학 신속하게 전략을 수립하여 수행(Action)이 가능하며, 핵심 이슈만으로 전체를 볼 수 있다.

㉣ SWOT 모델의 4가지 전략(SO, WO, ST, WT)을 다양한 상황에서 선택할 수 있도록 제시한다.

② 단점

㉠ BCG 모델, 전략적 경쟁위치 분석, RMS-ROA 분석, IPA 분석, 시장수명주기분석처럼 명확하고 구체적인 전략적 방향을 제시하지 않고 있다. 즉, SWOT기법은 규범적(Prescription) 기준이 아니라 상황기술(Description) 기법에 지나지 않는다. 다시 말하면, 기회나 강점을 살린다. 또는 위기나 단점을 알고 대처한다. 등의 상식적 기준에 근거한다는 것이다.

㉡ SWOT기법은 직관적 부분이 강조되고 있다. 즉, 외부환경의 기회와 위협, 내부역량의 강점과 약점은 보는 사람에 따라 달라질 수 있다. 즉, 좋고 나쁨을 판단하는 기준이 불확실하고 주관적인 판단에 좌우될 수 있다.

㉢ 현실적인 문제를 우선 벗어나기 위한 소극적이고 수동적인 전략으로 편향될 수 있다. 기업의 중장기 성장이나 시장에서의 경쟁사 인수 등, 미래지향적인 적극적, 저돌적인 공격적 비즈니스에 큰 비중을 두지 않는다.

프레드릭 일리엄의 란체스터 법칙

영국의 항공공학 엔지니어 란체스터가 제1차 세계대전을 계기로 고안한 역학관계의 두 법칙을 응용한 기업경영 전략이 '란체스터 법칙'이다.

란체스터 법칙은 공중전과 같이 일대일로 승부할 경우 전투기의 수가 많은 쪽이 피해가 적음으로 무기의 효율을 높여 손해를 줄일 수 있다. 그러나 지상전의 경우 그룹 간 전투에서 병기의 성능이나 기능이 앞선 전투병력 간 전투 시 피해는 병력수의 제곱에 비례하여 병력수가 적은 쪽이 압도적으로 손해를 입는다. 이 두 가지 법칙은 2차 세계대전에서 연합군 측의 전략으로 활용되었으며, 1960년부터 경영학에 적용 OR(Operation Research, 경영자의 의사결정을 수학적으로 행하는 방법)을 발전시키는 계기가 되었다.

- 제1의 법칙 : 공격력 = 병사의 수 × 무기의 수
  좁은 길에서 병사들이 전쟁을 할 경우, 병사수가 많으면 많을수록 무기의 수가 많을수록 승리할 확률이 높다

- 제2의 법칙 : 공격력 = (병사의 수)^2 × 무기의 질
  넓은 지역에서 변사들이 전쟁을 할 경우, 긴 사정거리를 가진 무기를 사용하는 경우, 공격력은 병사의 수에 제곱으로 비례한다. 이러한 경우 전멸할 수 있다.

예로, 만약 무기의 성능이 같은 군대 A(100명)와 B(80명)가 전투를 할 때, 제1의 법칙에 의하면 A군대 100명 중 20명이 살아남을 수 있다. 하지만 제2의 법칙에 의해서는 A의 제곱(10,000명), B의 제곱(6,400명)으로 3,600명이 남게 되어 제곱근인 60명이 살아남게 된다. 이 경우, 군대는 80명이 살아남을 수 있으나 B군대는 전멸하게 된다.

이러한 란체스터 법칙에 따르면 약자와 강자의 전략은 달라야 한다는 것이다. 약자는 무슨 일이 있어도 제1의 법칙에 따르는 전투를 해야 하고 반대로 강자는 제2의 법칙에 따른 전투를 해야 한다. 이것은 '강자의 전략'과 '약자의 전략'이 다르다는 것이다.

특히, 뷰티서비스 산업에서 란체스터 법칙은 '선택과 집중'이라는 전략적 차원에서 매우 중요하게 다뤄져야 하며, 지역중심의 한정된 시장에서 비즈니스를 수행할 때, 필히 고려되어야 하는 경영전략 이론이다.

적용 SWOT 전략수립 사례

1. 분석대상

① 업체명 : 화장품 회사

* SWOT 분석의 핵심 취지를 이해하기 쉽게 요약

2. 분석목적

① 외부환경의 위협과 기회, 내부역량의 강점과 약점을 파악한다.
② 주어진 상황에서 SWOT 모델을 도출하여 각 상황별 대응전략을 수립

3. 1단계 위협요인 도출

① 비즈니스 진단기법을 이용하여 외부환경의 기회와 위협, 내부역량의 강점과 약점을 진단한다.

② 진단결과

- 외부 기회 : FTA의 의한 미국시장 진출, 해외시장의 개방
- 외부 위협 : 외국의 고품질 및 저가 제품의 국내 유입
- 내부 강점 : 높은 품질과 우수한 영업력(상품기획 및 마케팅)
- 내부 약점 : 높은 인건비와 잦은 노사분쟁

구 분	강점(Strength) • 고품질 • 높은 영업력(상품기획 및 마케팅)	약점(Weakness) • 높은 인건비 • 유통채널
기회 (Opportunity) • FTA • 해외시장 개방	SO 전략 • 강점으로 기회를 적극 활용한다.	WO 전략 • 외부 기회에 편성하여 약점을 보완한다. • 약점을 보완하여 기회를 활용한다.
위협 (Threat) • 국산 고품질 저가제품 유입	ST 전략 • 강점으로 외부 위협을 극복하거나 기회로 전환한다.	WT 전략 • 위협과 약점을 동시에 극복하는 방법을 찾는다. (예 : 사업철수, 상쇄 등)

4. 2단계 SWOT 전략 도출

① 직원의 워크샵을 통해 4개 유형별 아이디어를 도출하였다. 이러한 워크샵을 통해 직원들은 전략수립 과정에 자발적인 참여를 이끌어 냈고 공감대를 형성하였다.

② 각 상황별 아이디어를 MECE적 분석을 통해 정리하였고 실현가능성과 현실타당성을 감안하여 4개의 유형별로 정리하였다.

③ 4개의 유형별 전략을 단기, 장기적 관점에서 재배치, 조정하였고 구체적인 목표와 범위, 추진시점을 결정하였다.

④ SO / WO는 공격적으로, ST / WT는 방어적으로 사업전략의 방향을 수립하였다.

구 분	강점(Strength) • 고품질 • 높은 영업력(상품기획 및 마케팅)	약점(Weakness) • 높은 인건비 • 유통채널
기회 (Opportunity) • FTA • 해외시장 개방	SO 전략 • 고품질 차별화 전략과 해외영업 역량을 적극 활용하여 해외시장 진출	WO 전략 • 생산거점을 해외로 이전 또는 인가공화 추진 • 전문유통 업체와 협업 또는 아웃소싱 추진
위협 (Threat) • 외국산 고품질 저가제품 유입	ST 전략 • A/S를 강화한 고급화 브랜드 이미지 구축 • 국내 시장 점유율 확대를 통한 진입장벽 강화	WT 전략 • 낮은 경쟁력 제품 철수 • 고부가가치 제품 집중 • 사업부문 사내 외주 전환

적 용 뷰티서비스 산업의 전망에 대한 SWOT 전략수립

1. 분석목적

한국 뷰티서비스 산업의 발전을 위한 중소형 미용실의 경쟁력 강화에 공동브랜드화 컨설팅 회사의 전략적 방향을 수립

2. 1단계 위협요인 도출

① 외부 기회 : 노령화로 인구밀집지역으로 인구이동, 소비패턴의 변화

② 외부 위협 : 양극화 심화와 대규모 자본사의 유입, 정부의 편향된 지원

③ 내부 강점 : 고학력 아웃소싱 전문인력 보유, Data화된 표준화물 및 차별화된 전문성

④ 내부 약점 : 수입구조 취약, 인건비 부담 인력 아웃소싱, 동네 미용실에 대한 선입견

구 분	강점(Strength) • 고학력 아웃소싱 전문인력 보유 • Data화된 표준화물 및 차별화된 전문성 • 공동브랜드 참여비용 낮음	약점(Weakness) • 수입구조 취약 • 인건비 부담 인력 아웃소싱 • 동네 미용실에 대한 선입견 • 공동브랜드 인지도 취약
기회 (Opportunity) • 노령화로 인구밀집지역으로 인구이동 • 소비패턴의 변화	SO 전략 • 동네 미용실의 틈새시장 공략 • 동네 미용실의 전문화에 고급인력 컨설팅 투입 • 신뢰 있는 브랜드 이미지 구축	WO 전략 • 범위의 경제를 달성하여 수익개선 • 新노령화 인구의 눈높이에 맞는 눈높이 경영(인터넷 및 예약화) • 전문 인력의 상호공유
위협 (Threat) • 양극화 심화와 대규모 자본사의 유입 • 정부의 정책오류 및 편향된 지원	ST 전략 • 지역별, 특성별 조직화 및 네트워크 강화 • 공동브랜드 회원사간 마케팅 협업에 따른 브랜드 시너지 효과 강화	WT 전략 • 대형과 소형의 차별화 시도 • 중소형 미용실의 전문화를 위한 인력의 기술과 인성교육 강화 • 조직화를 통한 공동교육, 공동구매 등으로 수익개선

3. 지속성장을 위한 성장전략

성장전략은 기업이 일반적이고 보편적인 성장률을 초과하는 급격한 성장을 시도하는 것이다. 즉, 새로운 시장을 개척한다거나 경쟁업체를 인수 합병한다거나 기존 경쟁구도를 파괴하고 새로운 시장을 개척할 때 사용된다.

기업은 비즈니스를 통해 성장하고 규모가 커지면 수익성과 기업의 유지에 따른 안전성이 상대적으로 커진다. 기업의 지속적 성장은 조직 구성원들의 목표의식을 고취하고 동기를 부여하며 조직을 활성화 시켜 회사는 더 발전하게 된다. 다시 말하면 성장 자체가 성장의 동력으로 작용한다는 것이다. 따라서 기업은 일정 수준의 성장률을 경영목표로 설정하고 있다.

성장전략을 2×2 매트릭스로 설명하자면, X축은 기존제품과 신규제품으로, Y축은 기존시장과 새로운 시장으로 구분하여 전력을 수립한다. 2×2매트릭스에 의해 성장전략에는 4가지 유형으로 구분할 수 있다.

① 신규시장 개척(New Market)

② 사업의 다각화(Business Diversification)

③ 기존 경쟁구조의 파괴(New Competitive Position)

④ 기존시장의 확장(Market Expansion by New Product)

구 분	세부내용
신규시장 개척 (New Market)	1. 기존 제품으로 새로운 시장을 개척한다. 해외시장 등 새로운 수요를 창출한다. 2. 신규시장에서의 성공요인 • 경쟁력을 살릴 수 있는 목표시장 선택 • 브랜드 localization에 의한 동반자 이미지 구축 • 제품 품질과 기능의 customization • 전략적 제휴 및 M&A • 리스크에 대한 대비

사업의 다각화 (Business Diversification)	1. 새로운 제품을 개발하여 새로운 시장에 진출한다. 또는 다양한 제품을 이용한 융합(convergence) 전략을 선택하여 새로운 시장에 진출한다. 2. 시너지 효과를 창출할 수 있는 산업의 종류 • 원자재나 부품공급 후방업체(자동차 업체의 철강산업 진출) • 추가적인 부가가치 전방산업(자동차 업체의 판매업 진출) • 기존 품의 대체재 또는 보완재 산업 • 다른 수요 창출(자동차 업체가 또 다른 수요를 창출하기 위해 금융업에 진출) • 미래 유망사업(경제, 사회, 기술발전에 부응하는 산업) 3. 신규사업 추진방법 • 탐색적 성격을 지닌 소규모 벤처 • 내부역량개발과 판매 유통채널에 의한 신규 비즈니스 • 타산업에 존재하는 기업 또는 해와 기업의 인수
기존 경쟁구조의 파괴 (New Competitive Position)	기존 시장에서의 파격적, 수직상승을 시도하는 전략 기존 시장의 경쟁구조를 파괴하는 방법은, • 기존 경쟁사의 인수합병 • 대규모 투자유치에 의한 시설확대 • 유통망 구축에 의한 신규고객영입 • 유명 브랜드 기업과의 전략적 제휴
기존시장의 확장 (Market Expansion by New Product)	기존 고객의 잠재적 니즈에 부응하거나 신규 고객층을 확보함으로 시장 전체의 매출 규모를 증가시킴 신규 제품이란? • 기존제품과 같거나 더 높은 가치를 창출하는 제품 • 기존 고객의 잠재적 수요를 충족하는 신제품 • 기존 제품을 대체하는 신제품 • 기존 제품의 기능을 더 확대한 신제품

4 시장 경쟁자의 반응에 대한 이해

전략의 수립에 있어 가장 중요한 것은 경쟁사의 반응이다. 기업의 전략을 시장에서 수행함에 있어 경쟁사의 반응은 목표에 대한 성과에 중요한 변수로 작용된다. 따라서 경쟁사가 어떻게 대응할 것인지를 사전에 예측하고 방어하며 때로는 전략을 전폭적으로 수정해야 하기도 한다. 또, 경쟁관계에 있는 경쟁사 이외에 고려해야하는 대상으로 고객이나 공급처, 수요자 등의 요인도 있다.

시장에서 경쟁관계에 있는 상대가 존재할 경우, 전략 선택에 있어 상황에 맞게 선택해야 하는 2가지 이론이 있다.

1. 죄수의 딜레마(Prisoner's Dilemma)

이 이론은 상대방을 믿지 못함으로 양쪽에게 가장 바람직한 윈-윈(Win-win) 선택을 포기하는 현상으로 '죄수의 딜레마' 법칙이라고 한다. 상호 불신함으로 최적의 선택을 하지 못하는 것이다. 이는 정치, 경제, 사회, 문화 등 여러 분야에서 그 사례를 찾을 수 있다.

아래 그림에서 A와 B의 선택은 두 사람을 격리하여 심문하였을 때, 상대의 범죄 사실을 자백함으로 두 사람 모두 형을 살게 된다는 것이다. 이것은 서로가 상대를 믿지 못함으로 일어나는 경우이다.

B의 선택 \ A의 선택	자백	부인
자백	A : 5년 B : 5년	A : 10년 B : 1년
부인	A : 1년 B : 10년	A : 무죄 B : 무죄

죄수의 딜레마와 같은 상황을 만들지 않기 위함은 곧 상호 협업으로 시너지를 높이기 위함이다. 죄수의 딜레마를 회피하기 위해서는 아래와 같은 내용을 지켜야 한다.

① 상호 배신하지 않는다는 합의와 믿음이 있어야 한다.

② 상호 배신행위를 감지할 수 있는 시스템이 필요하다.

③ 상호 배신행위는 산전, 사후 반드시 찾아낸다.

④ 상호 배신행위는 구체적으로 정리하여 공감토록 한다.

⑤ 배신하면 엄격한 기준에 의해 엄중하게 처벌한다.

⑥ 처벌은 구체적이고, 신속하고, 강렬하게 진행한다.

⑦ 배신하지 않을 경우, 윈윈(Win-win)에 대해서는 보상을 한다.

⑧ 보상의 크기는 명확해야 하며 구성원 전체가 알고 있어야 한다.

2. 제로섬 게임(Zero-sum Game)

이 이론은 윈-윈(Win-win)이라는 선택이 없는 경우를 말한다. 시장의 크기가 일정하고 변동될 수 없는 상황에서 적용된다. 즉, 일정한 경계(Boundary) 내에서 상호 이익의 합이 항상 일정하다는 것이다. 뷰티서비스 산업에서 판매 가격은 동일하고 수요도 동일할 경우, 매장이 더 늘었다면 전체 매출의 변동이 없는 상황에서 각 매장의 매출은 줄어들 수밖에 없다. 복싱에서 A가 B를 다운시키면 A가 이기는 것이고 A가 다운되면 B가 이기는 것이다. 고정된 시장의 경쟁업체들은 제로섬 게임에 처해 있다. 전체 매출은 불변함으로 한 업체가 매출을 향상시키면 다른 업체의 매출이 줄어들 수밖에 없다.

이러한 제로섬 게임에 대처하는 방법은 다음과 같다.

① 상대 경쟁사의 이익을 최소화 하라.

② 상대 경쟁사의 전략적 움직임을 예측하라.

③ 상대 경쟁사가 예측할 수 없도록 무작위 전략(Random Strategy)을 사용하라.

④ 제로섬 게임 상황에서 벗어나라. 플러스썸(Plus-sum) 게임 상황으로 전환하라.

기업의 전략적인 움직임과 경쟁사의 반응에 대한 조사결과를 보면 대부분의 기업들은 경쟁사의 신제품, 가격변화를 제외한 경쟁사의 움직임에 별 관심이 없다고 한다. 신제품 개발을 사전에 감지한 기업은 23%, 가격변화 움직임을 예측한 기업은 12%, 경쟁사의 전략적 움직임에 전혀 대응하지 않은 기업은 17%에 달하는 조사결과가 있다.

이것은 일반적으로 기업은 내부 경영목표를 달성했다면 외부요인에 크게 동요하지 않는다. 경영층이 현재 성공하고 있는 관리방식과 전략에 안주하는 경향이 있다. 이는 게임이론과 달리 경쟁사의 전략적 움직임에 신속하게 대응하지 않는다는 것이다. 이것은 이론과 현실의 차이에서 비롯되는 현상이라 할 수 있다. 물론, 수많은 정보, 허위사실 등으로 정확한 데이터를 수집하는 것이 여의치 않아서 발생할 수도 있다.

5 시나리오 플래닝(Scenario Planning)의 이해와 응용

시나리오 플래닝(Scenario Planning)은 미래에 발생할 수 있는 사건이나 상황을 가능성에 따라 시나리오로 가정하여 미래를 대응할 수 있는 방법이다. 특히 문제 해결을 위한 핵심인자를 도출한 후 각 항목에 대한 시나리오 플랜을 수립한다면 예측 불가한 미래 상황을 사전 대처할 수 있는 구상설계를 할 수 있다는 점에서 매우 중요하다. 핵심성공인자(CSF)에 대해 각각의 요인들은 시나리오 플래닝의 대상이 될 수 있으며 이것을 수행할 경우와 수행하지 않을 경우에 따라 기업이 변화를 예측하여 전략수립이 가능하다.

시나리오 플래닝이 필요한 이유로는 다음과 같다.

① 다양한 환경 요인으로 예측과 다를 수 있다. 시나리오 플래닝은 예상치 않은 상황 전개에 대응할 수 있다.

② 시나리오 플래닝의 자료는 갑작스러운 상황 변화에 신속하게 대응할 수 있다.

- 리스크 관리(risk management) 및 손실 최소화, 미래대응을 위한 역량강화, 기업의 건전성 확보 등

③ 시나리오는 지속적으로 변화, 발전하기 때문에 발생 가능성에 내응힐 수 있다.

시나리오 플래닝은 발생 가능성이 높거나 심각성이 높은 시나리오를 도출하고 각 시나리오 별로 적절한 대응방안을 사전에 미리 준비하는 전략 수립기법이다. 대상 문제에 대해 시나리오 플래닝은 다음의 3가지로 준비한다.

① 최선의 시나리오(Best Case)

② 정상적 시나리오(Normal Case)

③ 최악의 시나리오(Worst Case)

시나리오 플래닝의 수행절차는 주제정의, 동인도출, 동인선택, 시나리오 설계, 시나리오별 대응전략 등 5단계로 나눈다.

1단계	2단계	3단계	4단계	5단계
시나리오 주제 정의	관련동인 도출	핵심동인 선택	시나리오 설계	시나리오 별 대응전략 수립

• 1단계 : 시나리오 주제의 정의

시나리오를 수립하기 위해 일반적으로 한줄의 의문문으로 표현되는 경우가 많다. 시나리오 주제는 구체적으로 정의되어져야 한다. 전략적 의사결정을 수반하는 중요하고 심각한 문제여야 한다. 시나리오 주제는 이해관계자, 의사결정자에 따라 다양하게 달라질 수 있다. 시나리오 주제 선정 시 분석시점을 구체적으로 명기해야 한다.

• 2단계 : 관련동인 도출

기업의 미래변화에 영향을 미칠 수 있는 관련 동인(Driver)을 3~5개정도 도출한다. 동인은 미래를 결정하는 핵심성공요인(CSF)이다. 동인은 불확실성을 다루고 있기 때문에 전문가의 의견을 폭넓게 수렴할 필요가 있다. 동인 선택 시, MECE 원리에 따라 검증이 필요하다. 동인은 다음의 2가지 조건을 충족해야 한다.

① 외부환경의 변수로 통제 불가능한 것이어야 한다.

- PEST 모델의 4개 영역변수
- 해당산업의 5-forces에 속하는 변수
- 경쟁사의 전략적 움직임
- 고객의 동향

* 단, 기업의 전략이나 내부역량은 통제 가능함으로 동인이 될 수 없다.

② 불확실성이 높은 것

- 미래의 불확실성이 높아야 한다.
- 예측이 일치하지 않고 팽팽하게 대립해야 한다.

• 3단계 : 핵심동인 선택

동인의 중요도에 따라 핵심동인을 선별한다. 핵심동인은 2~3개를 선택한다. 핵심동인을 도출하는 기법에는 교차영향분석, 민감도 분석, 설문조사, 델파이기법 등이 있다.

• 4단계 : 시나리오 설계

각 시나리오는 발생가능성과 심각성에 의해 결정된다.

현실적 의미 = 발생 가능성 × 발생 시 심각성

이때, 발생 가능성이 없는 것은 시나리오에서 배제한다. 그러나 발생 가능성이 낮더라도 발생 시 심각성이 크다면 시나리오 플랜의 주요 대상으로 관리되어야 한다. 각 시나리오는 고유의 명칭을 부여하고 이해관계자가 어떻게 생각하고 행동할지에 대해 상상력을 발휘하여 스토리를 작성한다. 이는 시나리오에 대한 이해를 돕기 위함이다.

시나리오는 현실적으로 설득력을 가지고 있어야 하며, 미래의 불확실성과 리스크를 체계적으로 조명해야 하고, 고정관념에서 벗어나 보는 사람을 놀라게 할 수 있는 시나리오로 객관성을 가지고 있을 때 '좋은 우수한 시나리오'라고 한다.

시나리오 설계 모델의 종류는 다음과 같다.

① 시나리오 설계 3종의 모델

- Best Case Scenario
- Normal Case Scenario
- Worst Case Scenario

② 2×2 / 2×2×2 매트릭스 모델

- 2×2 = 4개의 시나리오를 도출

• 2×2×2 = 8개의 시나리오를 도출

* 심각성이 낮은 시나리오는 배제하고 3개 정도로 선택한다.

• 5단계 : 시나리오별 대응전략 수립

시나리오별 각 유형별 대응전략을 수립한다. 대분류에 의한 조직적 차원에서의 대응전략, 기회와 위협에 대한 대응전략, 변화에 대한 대응전략 등에서 소분류로 시나리오별로 대응전략을 수립한다.

① 조직차원에서의 대응전략

• 전략적 방향을 제시하는 차원

• 전사적 사업전략을 수립하는 차원

• 세부 실행계획(action plan)을 작성하는 차원

② 기회나 위협에 대한 대응전략

• SO 전략

• WO 전략

• ST 전략

• WT 전략

③ 변화에 대한 대응전략

• 변화를 적극 활용, 창출하는 미래주도형(leading)

• 주어진 변화에 적응하는 적용유형(adapting)

• 손실과 리스크를 최소화 하고자 하는 방어(defending)

적용 자동차 업체의 전기자동차 시장

1. 시나리오 주제 정의

① 하이브리드 자동차에 이어 전기 자동차 시장은 어떻게 변할 것인가?

② 배경

- 기술개발 및 생산시설 투자 전략 수립을 위해 미래 시장동향을 분석해 본다.
- 시장 상황에 따른 투자 규모를 예측한다.

2. 관련동인 도출

① 전기 자동차 시장에 영향을 미칠 수 있는 동인을 도출하였다.

② PEST 모델 이용

- 정치적 요인
- 경제적 요인
- 사회문화적 요인
- 기술적 요인

③ 데이터 출처 : 자동차 전문잡지 등

정치적 요인 (Politic)	경제적 요인 (Economy)
1. CO 일산화탄소 환경오염에 대한 국제협약 2. 정부의 에너지 절약 3. 정부의 국가경쟁력 신 성장동력 사업	1. 화석연료의 자원고갈 2. 화석연료의 원자재 가격 상승 3. 유가 상승
사회문화적 요인 (Socio-culture)	**기술적 요인 (Technology)**
1. 하이브리드/전기차에 대한 수요증가 2. 환경문제에 대한 사회적 인식변화	1. 대체재의 기술개발 발전 속도 2. 배터리 성능의 발전 속도

3. 핵심동인 선택

① 2단계의 관련동인 중 2개의 핵심 동인을 도출

② 평가항목의 기준

- 동인 값의 변동성(변동의 폭이 클수록 중요)
- 미치는 영향(영향이 클수록 중요)

정치적 요인 (Politic)	경제적 요인 (Economy) 유가 상승
사회문화적 요인 (Socio-culture) 하이브리드/전기차에 대한 수요증가	기술적 요인 (Technology)

4. 시나리오 설계

① 2개의 핵심동인에 대해 2×2 매트릭스 시나리오를 도출하였다.

② 시나리오

- A : 휘발유 대체재로 가치유지
- B : 수요와 수익성 증대
- C : 수요와 수익성 하락
- D : 수요증가, 수익성 낮음

유가		저성장	고성장
	급등	A 휘발유 대체재로 가치유지	B 수요와 수익성 증대
	인정	C 수요와 수익성 하락	D 수요증가, 수익성 낮음

전기차 수요

5. 대응전략 수립

① A : 휘발유 대체재로 가치유지

- 대응전략 : 지속적인 신규투자 유지와 선행기술개발 주력, 프로세스 개선을 통한 효율성 증대

② B : 수요와 수익성 증대

- 대응전략 : 독립 사업부 조직 강화, 설비투자 및 연구개발 강화

③ C : 수요와 수익성 하락

- 대응전략 : 신규투자 일시 유보, 선행기술개발 전략적 운영, 독립 사업부 조직 해체와 인력감축

④ D : 수요증가, 수익성 낮음

- 대응전략 : 제품 차별화를 위한 연구개발 집중, 차별화를 통한 수익개선, 설비 교체를 통한 생산원가 절감

유가	저성장	고성장
급등	A 1. 신규투자 부분적 유지 2. 선행개발 집중 3. 프로세스 혁신	B 1. 독립 사업부 조직화 2. 설비투자 및 연구개발 강화
안정	C 1. 신규투자 일시 유보 2. 선행기술개발 전략적 운영 3. 조직축소 및 인력감축	D 1. 제품 차별화 연구개발 집중 2. 제품 차별화로 수익개선 3. 설비교체를 통한 원가 절감

전기차 수요

적용 부동산 경기 시나리오 플래닝

1. 시나리오 주제 정의

① 부동산 경기의 침체에 대해 1년 후 부동산 시장은 어떻게 전개될까?

② 배경

- 여유자금의 투자처를 알아보고자 한다.

2. 관련동인 도출

① 수도권 지역의 부동산 경기에 미치는 동인 5가지를 도출한다.

② 도출방법 : 부동산 전문가 인터뷰 및 지역 부동산업자

- 금리
- 경기 동향
- 종합부동산세
- 서울지역 뉴타운 정책
- 물가 변동

③ 5가지 동인은 동인의 2가지 조건을 충족한다.
개인이 통제할 수 없고, 불확실성이 높다.

5개의 동인	동인에 대한 예상	
금리(A)	인하	인상
경기 동향(B)	침체	성장
종합부동산세(C)	변경 미미	대폭 경감
서울지역 뉴타운 정책(D)	실패	성공
물가 변동(E)	안정	폭등

3. 핵심동인 선택

① 경기 동향과 물가를 선택

② 분석방법 : 교차영향분석(Cross Impact Analysis) 점수 : 1~3점까지

5개의 동인	A	B	C	D	E
금리(A)		3	1	1	3
경기동향(B)	1		1	1	3
종합부동산세(C)	1	1		1	1
서울 뉴타운 정책(D)	1	2	1		2
물가(E)	2	3	1	1	
합 계	5	9	4	4	8

4. 시나리오 설계

① 2개의 핵심동인에 대해 2×2 매트릭스 시나리오를 도출하였다.

② 시나리오

- A : 인플레이션
- B : 안정적 성장
- C : 스태그플레이션
- D : 불황

경기 동향 \ 물가	폭등	부인
성장	A 인플레이션	B 안정적 성장
침체	C 스태그플레이션	D 불황

5. 대응전략 수립

① A : 인플레이션

- 대응전략 : 공격적 부동산 투자

② B : 안정적 성장

- 대응전략 : 포트폴리오 전략, 균형 잡힌 투자

③ C : 스태그플레이션

- 대응전략 : 안전을 감안, 안정지향적 투자

④ D : 불황

- 대응전략 : 보수적 투자

경기 동향 \ 물가	폭등	안정
성장	A 1. 은행적금을 해지 2. 자금 80%를 부동산에 투자	B 1. 주식, 부동산, 적금에 포트폴리오 균형 투자
침체	C 1. 주식 환매 2. 자금 70%를 부동산에 투자	D 1. 주식 및 부동산 투자 축소 2. 자금 80%를 적금으로 전환

과제

뷰티경영 컨설턴트의 역할에 대한 시나리오 플래닝

한국 뷰티서비스 산업은 규모와 수익적 측면에서 양극화가 뚜렷하게 나타나고 있다. 절대 다수(약 98%)를 차지하는 소규모 미용실의 수익성은 살펴볼 때, 약 9.1% 만이 수익성 양호한 회사라고 한다. 그렇다면 이런 열악한 한국 뷰티서비스 산업을 변화시킬 수 있는 방법은 없는 것일까?
만약, 당신이 뷰티컨설턴트로서 대의적 차원으로 미래 중소형 미용실의 경쟁력 강화를 위한 시나리오 플랜을 수립한다고 하자. 관련동인은 도출하고 시나리오를 설계를 통해 대응전략을 수립해 보아라.

맺음말

소상공인 자영업자 및 뷰티서비스 산업에서 컨설팅을 공부하고자 하는 모든 이들에게 강조하고 싶은 것이 있습니다.

첫번째, 어떠한 상황의 비즈니스 모델에서도 전략적 사고를 가지고 문제 해결을 수행해야 한다는 것입니다.

두번째, 컨설팅 수행은 필히 의뢰자의 능동적 참여와 사고 전환을 토대로 변화와 개혁, 개선이라는 지속성을 이끌어 내야만 합니다.

세 번째, 첫번째와 두번째의 동인이 컨설턴트의 역량이라는 것을 각인하고 자신의 역량 향상에 끊임없는 노력에 집중해야 합니다. 컨설턴트의 역량은 곧 경쟁력이 되고 컨설팅 수행시 가장 강력한 비즈니스 무기이기 때문입니다.

네 번째, 어느 산업에서보다 뷰티서비스 산업의 컨설턴트는 올바른 '도덕성'을 가지고 있어야 합니다. 어떤 이는 '권력과 권위'을 쫓기도 하고, 어떤 이는 '부'를 추구하기도 합니다.

하지만 영세 자영업자가 대부분인 뷰티서비스 산업에서는 '도덕적 가치'를 추구하는 컨설턴트가 절실히 필요합니다.

다섯 번째, 아무리 작은 규모의 컨설팅이라도 사회적 책임을 수행한다는 의무감을 가지고 있어야 합니다. 당면한 현안 문제를 객관적이고 과학적으로 분석하고 중장기 전략적 안목으로 올바른 미래 발전 방향을 제시하고 이끌어가야 합니다.

상기의 다섯가지 내용을 예비 컨설턴트가 인지하고 실천한다면 머지않아 한국 뷰티서비스 산업은 한단계 성숙될 것이고 모든 미용인이 희망하는 '더불어 살아가는 세상'의 미용문화를 정착시킬 수 있을 것이라 확신합니다.

송 팔 용

저자약력

송팔용

- 국민대 재료공학과 학사(1996), 경상대 재료공학 대학원(2000)
- 현대모비스 전장사업부문 영업기획(1997~2008)
- 건국대학교 향장미용학 석사취득(2007)
- 민간기업 및 공공 조직 컨설팅, 미용경영 강연과 창업 및 경영 컨설팅 수행(2008~2013)
- 자동차 전장용 LED기업 도미넌트코리아(2013)
- D사, I사, H사, H캐피탈, N사, O사, S사, H진흥원 및 다수 산업체 및 대학
- 아이펠마르(주) 대표이사(2013)
- 現 한국보건산업진흥원 뷰티컨설턴트(2013)
- 現 건국대학교 향장미용과학연구소 기획실장
- 現 미용경영컨설턴트협회 이사장
- 現 건국대학교 향장대학원 '뷰티산업컨설팅', '비즈니스 영업관리' 외래교수

김나영

- 건국대학교 향장미용학 석사취득(2007)
- 한국보건산업진흥원 뷰티컨설턴트(2012)
- 건국대학교 미생물공학 박사취득(2013)
- 現 건국대학교 향장미용과학연구소 교육팀장(2013)
- 現 건국대, 삼육대 미용학과 외래교수
- 現 여주대학교 미용학과 겸임교수

양진모

- 미용기술 및 경영교육과 미용실 창업 및 경영컨설팅 수행(2007~2013)
- 건국대학교 향장미용학 석사취득(2011)
- 아이펠마르 공동브랜드 협의체 대표(2013)
- 現 한국보건산업진흥원 뷰티컨설턴트(2013)
- 現 향장미용산업연구소 기술교육 이사
- 現 아이펠마르(주) 기획총괄이사

참고문헌

1. 이국희, 「비즈니스컨설팅」
2. 히로커와 쿠니노부, 「중소기업 경영자를 위한 경영이론 교과서」
3. 채서일, 「마케팅」
4. 데이비드 멕킨, 「재무상식 완전정복」
5. 조동성, 「21세기를 위한 경영학」

뷰티산업 비즈니스 컨설팅

초판 인쇄 2014년 2월 20일
초판 발행 2014년 2월 25일

지은이 송팔용, 김나영, 양진모
발행인 조규백

발행처 도서출판 구민사

주소 (150-034) 서울특별시 영등포구 문래로 187, 604(영등포동 4가, 동서빌딩)
Tel (02)701-7421~2 Fax (02)3273-9642
Http://www.kuhminsa.co.kr
신고번호 제313-1980-3호(1980년2월4일)

ISBN 978-89-7074-877-1 93150

값 23,000원